土工建筑材料和基建工程应用实例

韩　竞　聂松林　向　锋　主　编

中国产业用纺织品行业协会　组织编写

中国建设科技出版社有限责任公司

China Construction Science and Technology Press Co., Ltd.

北　京

图书在版编目（CIP）数据

土工建筑材料和基建工程应用实例/韩竞，聂松林，向锋主编；中国产业用纺织品行业协会组织编写．

北京：中国建设科技出版社有限责任公司，2024.11.

ISBN 978-7-5160-4332-5

Ⅰ.TU5

中国国家版本馆CIP数据核字第20245Y0Y68号

土工建筑材料和基建工程应用实例

TUGONG JIANZHU CAILIAO HE JIJIAN GONGCHENG YINGYONG SHILI

韩　竞　聂松林　向　锋　主　编

中国产业用纺织品行业协会　组织编写

出版发行：中国建设科技出版社有限责任公司

地　　址：北京市西城区白纸坊东街2号院6号楼

邮　　编：100054

经　　销：全国各地新华书店

印　　刷：北京天恒嘉业印刷有限公司

开　　本：787mm×1092mm　1/16

印　　张：10

字　　数：200千字

版　　次：2024年11月第1版

印　　次：2024年11月第1次

定　　价：168.00元

编写委员会

前　　言

产业用纺织品是新材料产业的重要组成部分，是纺织工业高端化的重要方向，广泛应用于工业、农业、基础设施、医疗卫生、环境保护等领域。在充满活力的国内外市场需求牵引下，我国产业用纺织品行业近年来高速发展、创新活跃，全产业链优势持续完善，应用领域不断拓展，其纤维加工量占我国纺织纤维加工总量33%以上。目前，我国已经成为全球产业用纺织品行业门类最齐全、产品种类最丰富、产业链最完整的国家。

作为我国产业用纺织品行业的重要组成部分，土工建筑用纺织品不仅是《产业用纺织品行业高质量发展指导意见》确定的八大重点领域提升行动之一，同时，大量应用于机场、铁路、高速公路、桥梁、隧道、水坝以及建筑、装修等工程建设中，起到持续提高工程质量、延长工程寿命、降低工程造价的作用。土工建筑用纺织品在关乎"国计民生"领域成为建设美丽中国的参与者和赋能美好生活的推动者。

一直以来，我国土工建筑用纺织品行业坚持以创新作为高质量发展的核心驱动力，在提升产品性能、保障工程质量和拓展应用领域等方面不懈努力，积极发挥产业优势和材料优势，为我国经济建设持续贡献力量。与此同时，我国也以产品系列全、生产能力高、工程应用量大等显著优势成为全球土工建筑用纺织品制造大国，在国际市场竞争中表现突出。行业强化关键核心技术攻关，高强粗旦聚丙烯纺粘针刺土工布制备关键技术及产业化、高强粗旦双组分纺粘非织造布生产关键技术与装备研究及产业化等创新应用项目，在优势企业的支撑下逐步落地、稳步提升，达到世界先进水平，打破了国际垄断。

为了展示我国土工建筑用纺织品在基础建设、铁路公路、水利、海绵城市、矿山修复、生态保护、建筑设计、景观工程等建设项目中取得的丰硕成果，中国产业用纺织品行业协会组织编写《土工建筑材料和基建工程应用实例》一书。

本书介绍了现阶段土工建筑材料运行、建筑膜材料发展等情况，并汇集了约 20 个典型工程案例。这些优质工程采用各种不同的土工建筑材料和技术，代表了行业新质生产力，具有广泛的借鉴意义。希望本书在推广土工建筑材料、积累行业技术进步、服务国民经济建设、促进工程应用创新、推动行业高质量发展中发挥积极作用。

本书的出版得到生产企业、工程单位、专业高校、相关协会的大力支持。在组织编写过程中，又得到诸多企业家、专家、学者的热情关注和积极参与，在此一并对他们表示衷心感谢！

由于本书编写时间紧、任务重，调研不够广泛，遴选汇集的优秀工程案例不够全面，编写经验也还有不足，希望广大同行和读者提出意见和建议，也期待未来有更多企业提供优秀工程案例，有助于今后本书再版时不断完善和提高，与业界携手推动土工建筑材料行业高质量发展。

编委会
2024 年 10 月

目　　录

行业发展

2023 年我国土工建筑材料行业运行分析

聂松林　韩　竞　陈　洋

（中国产业用纺织品行业协会土工建筑材料分会）

1　土工建筑材料行业现状

2023 年我国产业用纺织品行业整体仍处于疫情后的恢复调整期，企业之间竞争加剧，市场需求、生产、销售和投资均呈现出不同程度的下降。但自 2023 年下半年开始，行业逐步进入边际修复阶段，进入 12 月后主要经济指标有较大幅度反弹，全年盈利能力明显改善。根据中国产业用纺织品行业协会的调研，2023 年产业用纺织品行业的景气指数为 67.2，处于景气区间，较 2023 年上半年提高 15.2，较 2022 年上升 9.9。

据统计，2023 年我国产业用纺织品行业纤维加工总量达到 2034.1 万吨，同比增长 3.8%。其中，土工用纺织品的纤维加工量 138.3 万吨，同比增长 5.5%；建筑用纺织品的纤维加工量 87.8 万吨，同比下降 1%。

土工建筑用纺织品的主要应用市场与国家基础设施建设密切相关，在交通基础设施、水利水电、环境保护等领域的应用占比近 80%，其中在交通基础设施领域的应用占比为 35%，在水利水电领域的应用占比为 31%，在环境保护领域的应用占比为 13%，在其他领域的应用占比为 21%。

2023 年，全国铁路完成固定资产投资 7645 亿元，同比增长 7.5%；投产新线 3637 千米，其中高铁 2776 千米。2023 年，全国交通固定资产投资完成 3.9 万亿元，新开通高铁 2776 千米，新建改扩建高速公路 7000 千米，新增和改善航道 1000 千米。2023 年全国新开工水利项目 2.79 万项，水利建设完成投资达到 11996 亿元，较首次迈上万亿元大台阶的 2022 年增长 10.1%。水利建设资金主要投向流域防洪工程体系、国家水网重大工程、河湖生态环境复苏、水文基础设施和智慧水利等四个领域。

2023 年全国房地产开发投资 110913 亿元，比上年下降 9.6%，房地产开发企业房屋施工面积比上年下降 7.2%。受市场供给和经济发展等方面的影响，我国房地产市场正经历调整期，建筑用纺织品的需求萎缩。未来房地产发展将着重发展技术革新，加快推进新型建筑技术及建筑装饰新材料、新技术、新设备和新服务等新技术革新，为大众提供更加安全、舒适的居住环境。

我国是对外工程承包大国，土工建筑用纺织品通过中国公司承接的国外工程出口到世界各地。当前，随着"一带一路"建设的不断推进，"一带一路"沿线市场已成为中国土工与建筑用纺织品发展的新引擎。2023年，我国企业在"一带一路"沿线新签承包工程合同额16007.3亿元人民币，同比增长10.7%。

目前，中国土工与建筑用纺织品生产企业数量超过1200家，主要以中小企业为主，企业在产品技术水平和质量上存在较大差异，但国内制造企业基本上杜绝了非标产品的生产。山东省是土工用纺织品企业的集聚地区，在德州、潍坊、莱芜、泰安等多个地区形成了较为完整的产业链条，一批重点企业得到快速成长。

根据中国产业用纺织品行业协会土工建筑材料分会（以下简称协会）统计，2023年，34家行业样本企业的资产总计同比增长16.0%，负债同比增长8.2%，主营业务收入同比增长7.4%，主营业务成本同比增长4.3%，利润总额同比增长15.9%。研发投入同比下降6.5%，从业人员同比下降2.3%。其中，半数样本企业具有外贸业务，出口同比增长52.1%。34家行业样本企业2023年土工建筑用纺织品产量同比增长17%。

2023年，11家原材料、设备配件的样本企业，资产总计同比下降3.6%，主营业务收入同比下降8.2%，利润总额同比下降37.8%，研发人员数量同比增长3.9%。

根据中国纺织机械协会统计，2023年国内生产针刺线约140条，在非织生产线中占比70%，大约三分之一的针刺线用于土工建筑材料领域。从协会走访调研近20家设备商的反馈来看，土工用途大约在30%。此外，还有纺黏熔喷生产线用于生产建材保温材料。

2023年，山东德州陵城区土工合成材料产业集群共有上下游企业185家，从业人员超过15300人，2023年实现销售收入48.6亿元，实现利税5.87亿元，其中出口创汇2.15亿美元，产品品种涉及全国土工合成材料90%以上的范围，包括土工布、土工膜、复合土工膜、三维土工网垫等，全国市场占有率达45%以上。

2　土工建筑材料应用领域

土工建筑材料自诞生之日起就是一个多学科、跨部门的行业。发展至今仍比较分散，行业管理体系处于不断完善中。其相关产品标准以及应用技术规范涉及水利部、交通运输部、生态环境部、住房城乡建设部、中国国家铁路集团有限公司等多个部门和单位，并在部分部门开展专用认证工作。

在工程应用方面，我国已成为全球土工建筑材料工程应用强国，在以长江航道综合整治、南水北调、京沪高铁、青草沙水库、上海老港填埋场、北京大兴国际机场等为代表的各类工程中，土工建筑材料以其功能性发挥了不可替代的作用，解决了大量工程技术难题，创造了巨大的经济和社会效益。随着我国基础建设的稳步推进及"一带一路"倡议、"长江大保护"等国家战略的实施，土工建筑材料将迎来新的发展机遇，其工程应用的深度与广度将得以拓展。尤其是近年来，土工膜、土工织物在应急项目建设中作为基础防渗层材料，在阻隔医疗污染物与周边土体、水体接触，保护环境生态安全等方面，土工建筑材料再次展现出优异的工程适用性与施工便利性，为抗击疫情、保障防疫医院建设提供了有力支撑。

我国是聚酯生产大国，工程绝大部分采用聚酯土工布，聚酯产品仍然是未来土工材料市场的主流。其中，长丝聚酯土工布应用占比偏低，增长趋势良好；聚丙烯土工布具有更优异的抗化学浸蚀能力，国内目前已有几条生产线，也极具上升空间。适应工程需要，更多以涤纶、丙纶为原料向土工布、土工格栅复合材料方向发展，形成新型土工复材产品性能的优势互补；涤纶高强双组分土工布抗拉抗撕裂和透气透水性好，广泛应用于软基处理排水板膜。涤纶长丝防水胎基布是重要的建筑用纺织品，被称为第四代胎基布，国内产量和用量巨大，持续增长趋势明显。其中，玻纤加筋的涤纶长丝复合胎基布进一步加强了产品性能，应用更为广泛。此外，还有采用热风黏合工艺的涤/涤、涤/锦粗旦高强双组分胎基布，可以做到强力高、挺阔好、免浸胶的薄形产品，此类产品在欧洲市场刚刚起步，目前国内还没有应用。

3　土工建筑材料发展趋势

在中国快速发展的经济背景下，土工建筑材料在国家的基础设施建设和环境保护中发挥了重要作用。作为支持中国庞大基础设施项目的核心元素之一，土工建筑材料对道路、铁路、机场、水坝和城市建设等基础设施建设领域的发展作出了重要贡献。这些项目不仅是中国经济增长的直接推动力，也是国家现代化进程的重要标志。

随着绿色发展、可持续发展理念走深走实，土工建筑材料的应用已经扩展到环保工程、水土保持和废物处理等环境保护领域。利用先进的土工技术，能够更有效地利用自然资源，减少环境污染，同时提升生态保护水平。一方面促进了经济的可持续发展，另一方面也展现了行业对全球环境保护的贡献。

此外，土工建筑材料行业的发展还创造了大量的就业机会，促进了相关产业链的发展，包括原材料供应、生产设备制造和工程服务等。这些产业链的扩展和强化，不仅加速了地方经济的增长，也为我国工业化和城镇化贡献了力量。

我国是全球土工建筑材料产品制造大国和工程应用强国。土工用纺织品是土工建筑材料中技术发展最快、品种最为齐全的重要分支，也是产业用纺织品领域用量仅次于医疗、过滤用纺织品的品类，具有高科技、高附加值和高性价比等特点，近些年国家的新型基础设施建设、"一带一路"沿线建设、新型城镇化、交通水利重大工程等持续推动了产业的创新与应用。土工用纺织品在环境保护工程、围海造田、海绵城市建设中起到了至关重要的作用，以环境治理领域为例，垃圾填埋场、尾矿库修复、土壤修复等工程建设领域用非织造土工材料大幅提升，预计年增长率为 11.5%。

4 土工建筑材料行业对策

4.1 稳定行业增长

面对当前复杂形势下的原材料价格上涨、交通运输费用提升、能源紧缺等不利因素，协会将与水利部、交通运输部、生态环境部、住房城乡建设部、中国国家铁路集团有限公司等政府部门及央国企进行广泛合作，与国家发展改革委、市场监管总局等政府部委保持顺畅沟通，坚持稳字当头、稳中求进，扎实做好稳生产、稳供给、稳投资、稳价格，实现产业链和供应链畅通。加快构建以国内大循环为主体、国内国际双循环相互促进的新发展格局，解决土工建筑材料行业的生产供应问题，统筹处理好控产能与稳增长、促出口与稳增长、产业链上下游协同发展。

4.2 促进行业创新

系统研究解决我国土工建筑材料行业创新、数据、生产等资源分散，科技先行落地难、创新成果转化难、加速迭代应用难，高端型、复合型、技能型人才短缺等问题，进一步完善土工建筑材料创新发展支撑体系。注重关键核心技术攻关，深化产学研用结合，推进科技创新，促进产业优化升级。不断拓展土工建筑材料行业生态，加强上下游合作，强化人才培育体系建设，依靠创新提升发展质量。深刻认识土工建筑材料产业链数字化和智能化程度不够的现状，做好顶层设计，加快从原材料供应、生产，到仓储、运输、设计、施工等环节的数字化和智能化改造。

4.3 绿色低碳转型

全力组织推动土工建筑材料行业绿色低碳转型，增强企业社会责任感，鼓励制造企业优化能源结构，扩大新能源应用比例，推进能源低碳转型，减少能耗与污染排放。加大绿色工艺及装备研发，加强清洁生产技术改造及重点节能减排技术推广。加快土工合成材料绿色工厂、绿色产品、绿色供应链建设，增强企业社会责任感。依法依规加快淘汰高能耗、高污染和资源性的落后生产工艺和设备，在协调发展中解决发展不平衡的问题，促进产业实现绿色低碳发展。

5 结语

土工建筑材料行业是科技、时尚、绿色的融汇与叠加，是纺织产业成为现代经济体系的重要组成，在推动消费升级与产业升级中发挥了重要作用。国家"十四五"规划对制造业有序转移、制造业质量管理数字化、循环利用体系建设等有相应的指导意见，而土工建筑材料行业是嵌入国家战略发展的践行者，是美丽中国、乡村振兴、"一带一路"建设的参与者。因此，骨干企业要肩负责任引领，加强先进技术推广，拓展下游创新应用，同时注重系统集成，推动产业改造和结构升级。

与此同时，行业部门要加强顶层设计，突出示范引领；协会要发挥社会组织效能，提供专业性强的深度指导服务，推动国内外跨领域合作互融互认，共同赋予土工建筑材料行业绿色减碳、健康有序的高质量发展格局。

链接

中国产业用纺织品行业协会（以下简称"协会"）成立于 2001 年，是由从事产业用纺织品和非织造布生产、研究等相关企事业单位、社会团体与个人等自愿结成的全国性、行业性社会团体，是非营利性社会组织，接受中央社会工作部、工业和信息化部、国家发展改革委和民政部的业务指导和监督管理，服务于一千多会员单位。

产业用纺织品有别于服装和家用纺织品，其作为新材料产业的重要组成部分，不仅广泛应用于民生产业，还是医疗保健、安全防护、环保、基础设施建设、新能源、航空航天等产业的战略支撑力量。《产业用纺织品分类》国家标准分为 16 大类。土工建筑用纺织品是"十四五"期间《关于产业用纺织品行业高质量发展的指导意见》八大重点领域提升行动之一。

协会宗旨是贯彻党和国家方针政策，发挥协会在政府和会员之间的桥梁与纽带作用，维护会员的合法权益，为全行业提供服务，促进行业的健康发展。多年来，协会以服务创新为主线，持续提供高效、专业服务，为促进我国产业用纺织品和非织造布行业高质量发展发挥了重要作用。

协会为会员单位开展多层次、全方位的服务。包括：政策咨询、市场研究、科技项目、创新平台、标准质量、智能制造、绿色制造、职业技能、骨干企业培育、军民融合、信用评价、社会责任、展会论坛、媒体推广、国际交流等。协会党支部 2021年被中共中央评为全国先进基层党组织，2015 年、2021 年两次被民政部评为全国先进社会组织。

中国膜结构发展历程

薛素铎　李雄彦

（中国钢结构协会空间结构分会/北京工业大学）

1　概述

国外早期膜结构研究与应用始于 20 世纪 50 年代，与国外相比我国的膜结构起步较晚。20 世纪 90 年代，国内陆续有一些膜结构项目建成，如 1995 年在北京顺义建成了第一座气承式膜结构建筑，同年北京房山、辽宁鞍山的小型气承式膜结构游泳馆也相继建成，其间国内开始出现专业化的膜结构工程公司。小型膜结构项目的建成和膜结构企业的出现，标志着膜结构作为一种新型的建筑形式被关注，中国膜结构发展正式起步。

改革开放初期二十年，社会经济飞速发展，我国大量引进国际先进技术，以适应经济建设需要。随着 1990 年北京亚运会的成功举办，体育场馆如雨后春笋般在各大城市拔地而起。膜结构造型优美、体态轻盈，深受国内外建筑师的青睐。通过引进国外先进技术，膜结构开始应用于我国大型体育场馆建设，1997 年建成的上海八万人体育场翻开了中国膜结构工程建设的新篇章。

2008 年北京奥运会、2010 年上海世博会、2011 年深圳大运会的成功举办，让膜结构在我国得到了快速发展，其作为一种新型的建筑形式和结构体系在体育、展览、文化、环保、厂房、仓储、应急等各领域得到了广泛应用。进入 21 世纪，工程建设驱动行业发展，我国膜结构在设计、制作和安装等方面基本实现了与国外膜结构的同步发展，哈尔滨工业大学、同济大学、上海交通大学及相关膜结构企业研发了我国专业膜结构设计软件，如 3D3S、SMCAD 等。伴随着膜结构的快速增长，在中国产业用纺织品行业协会的推动下，我国的膜材研发与生产技术水平也进一步提升，有效地促进了膜结构的发展。

2　膜结构发展历程

我国膜结构发展经历了起步探索（1995—2002 年）、快速成长（2002—2012 年）、持续发展（2012—2022 年）阶段，如今随着国家经济政策和产业方向的调整，膜结构即将进入调整再发展阶段。

2.1 起步探索

我国大型膜结构工程建设始于上海八万人体育场和虹口足球场，这两个项目的建设基本依托于国外的公司和技术。

上海八万人体育场

自 1995 年起至 2002 年前后，国内企业开始尝试探索膜结构，早期完成的典型膜结构工程有 1995 年建成的充气膜结构游泳馆、1997 年建成的张拉膜结构湖南长沙世界之窗五洲大剧场等，其间建设的项目多为中小型 PVC 膜结构。

我们经历了从先期通过摸索借鉴国外技术，与国外企业、专家进行技术合作，到消化引进技术，大胆实践，再到进行应用自主创新，开创有自己特色的中国膜结构发展之路。

鞍山游泳馆

湖南长沙世界之窗五洲大剧场

苏州音乐广场

深圳欢乐谷大表演场

2.2 快速成长

经过先期的探索和工程实践，国内第一批膜结构企业如北京纽曼帝莱蒙膜建筑技术有限公司、北京光翌膜结构建筑有限公司逐步成长起来，建设了青岛颐中、威海、芜湖等地的大型体育场，同时膜结构的应用领域进一步拓展，开始应用于会展中心等大型公共建筑，这标志着我国膜结构进入快速发展阶段。

青岛颐中体育场

威海体育场

芜湖体育场

嘉兴国际会展中心

2008 年北京奥运会和 2010 上海世博会成功举办，极大地推动了膜结构的工程应用与技术创新，先后建设了鸟巢、水立方、世博轴等地标性经典项目。材料的使用也从早期单一的 PVC，发展到采用 PTFE、ETFE 等多种膜材，结构形式和建筑功能进一步呈现多元化的格局。2003 年前后，PTFE 膜结构开始应用于南宁会展中心、上海国际赛车场等建筑。水立方 ETFE 气枕是膜结构的成功应用，为推广 ETFE 膜结构创造了有利条件。2006 年，北京朝阳公园气承式膜结构网球馆的建设，开启了气承式膜结构建设的新历程。

国家体育场

水立方

上海世博轴

北京朝阳公园网球馆

2010 年，上海世博会堪称"膜结构建筑"博览会，日本馆的光伏彩色 ETFE 气枕、德中同行之家的 ETFE 张拉膜结构、采用可折叠 e-PTFE 膜材的挪威馆、网格膜的德国馆等新技术、新材料和新应用，极大地促进了我国膜结构行业的快速发展。

日本馆的光伏彩色ETFE气枕

德中同行之家的ETFE张拉膜结构

采用可折叠e-PTFE膜材的挪威馆

网格膜的德国馆

依托奥运和世博项目建设，我国膜结构取得了一系列的创新成果，研发出拥有具有自主知识产权的膜结构专业设计软件，如 3D3S、SMCAD 等。在建筑膜材力学性能测试、膜结构监测与检测等方面，无论设备研发还是测试手段，均取得了突破，快速实现了我国膜结构工程技术水平与国际的接轨。

2004 年，我国的第一部膜结构标准《膜结构技术规程》（CECS 158）发布实施，开启了我国膜结构行业标准体系的建设。此后，有关膜结构施工质量验收、检测的地方标准也陆续发布实施，规范了我国膜结构工程建设，保障了工程质量与安全，为膜结构行业健康发展打下了坚实基础。

2.3 持续发展

经过十多年的快速发展，膜结构逐步成为分工明确、产业链完整的行业，这标志着我国膜结构进入了持续发展阶段，建设速度、规模不断扩大，应用领域进一步拓展，在机场、车站、旅游度假酒店、工业厂房、环保工程、仓储、应急救援、全民健身场馆、园艺博览、农业温室等建筑中都有膜结构的应用，结构形式更加丰富。

岳阳机场

上海轨道交通龙阳路站

中国第八届花博会创意馆

响沙湾莲花酒店

"最忆韶山冲"

淮北气象塔网格膜幕墙

四川高兴煤炭储备基地

杭州萧山机场遮阳膜工程

叶巴滩拱坝低温季节浇筑混凝土仓面气膜

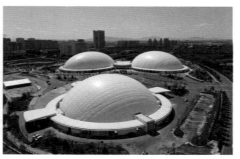
山东淄博气膜会展中心

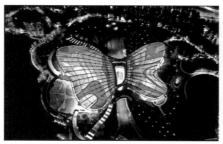
北京世园会演艺广场ETFE膜结构工程

第14届国际泳联世界游泳锦标赛热身馆

三亚体育中心体育场

北京首钢环境产业公司土壤存储负压气膜

自 2016 年起，随着我国产业政策调整和全民健身运动的兴起，气承式膜结构的用量出现了井喷式增长，成为膜结构行业的一个新型增长点。近五年来，每年建设的气承式膜结构有数百个，建设面积超过千万平方米。工程应用驱动工程实践，我国气承式膜结构的单体规模、跨度、长度均在不断攀升，其中京能建设内蒙古岱海电厂气承式膜结构煤棚单体最大跨度超过 200m，唐山港京唐港区 36～40 号煤炭泊位工程条形仓煤棚的最大长度达 1130m、单体规模近 15.0 万平方米。

京能建设岱海电厂气承式膜结构煤棚

京唐港区36~40号煤炭泊位工程条形仓煤棚

曲阳县煤炭物流园智能环保煤棚　　　　　　浙能嘉兴/嘉华电厂气承式膜结构煤棚群

中国膜结构经历 20 多年的高速发展，在大型体育场馆、会展中心、商业中心、娱乐场所、全民健身场馆、厂房、仓储、料场封闭等建筑中广泛采用。中国膜结构实现了研发、设计、制作、安装一体化的产业系统，实现了持续发展。

2.4 调整再发展

随着膜结构工程建设渐趋饱和，大型的膜结构工程建设将逐年缩减，在此背景下，膜结构将如何实现下一阶段的持续发展，必将面临产业调整的局面。

应对产业调整，需要充分发挥膜结构自身的优势，高效发挥"低碳、环保"的特点，服务于国家"双碳"目标。同时，基于城市更新需要，依托膜结构"轻质、高强、造型优美"的特点，让膜结构深度融入城市更新的建筑改造，继续拓宽膜结构的应用领域。

此外，我国早期建设的一批大型膜结构工程即将面临更新改造，如上海八万人体育场已完成了更新改造工作，这给膜结构行业可持续发展提供了新思路。因此针对既有膜结构工程，开展安全性评价和改造技术研究具有重要的研究意义与工程实践价值。

3 膜结构行业发展历程

中国膜结构行业在以蓝天先生和沈士钊院士等老一代膜结构奠基人的引领下，积极推动膜结构的应用与技术创新，加速了我国膜结构行业的快速发展。中国钢结构协会空间结构分会在推动膜结构行业发展方面发挥积极作用，自国内最早成立的膜结构公司北京纽曼帝充气张拉建筑有限公司于 1996 年入会以来，分会现有膜结构企业会员单位400 余家，从事膜材研发、生产和销售的企业有近 40 家。膜结构企业会员数量在快速增长，平均每年新入会的会员数量超过 30 家。

膜结构行业经过二十多年的发展，已成为产业配套齐全、技术分工专业的一个新兴行业，在张拉膜结构、充气膜结构方面涌现出一批优秀企业。依托广大膜结构会员单位的快速发展，膜结构委员们和空间结构分会秘书处在规范行业管理、标准指南编制、技术交流和人员培训方面开展了卓有成效的工作，为我国膜结构行业的快速、健康发展保驾护航。

为适应膜结构行业发展和工程建设需要，建筑膜材国产化在过去 10 年取得了长足发展，涌现出了浙江锦达、浙江汇锋、浙江宏泰、上海申达科宝、浙江海利得等一批 PVC 膜材生产企业，同时江苏维凯、浙江丹氟斯等企业致力于 PTFE 膜材的研发与生产。近期，相关企业在积极推动 ETFE 膜材国产化。从膜材发展看，尤其是 PVC 膜材，我国目前实行了规模化生产，并广泛应用于各类工程，有效地降低了工程成本。但由于市场竞争的不规范性，给膜材企业的技术创新、产品研发和质量提升等方面带来了不利影响。膜材生产过程中的核心技术和设备，目前还过多地依赖国外，与国际同行相比，还存在较大的差距。

空间结构分会联合中国产业用纺织品行业协会等单位组织膜结构专家团队先后完成了《膜结构涂层织物标准》（GB/T 30161—2013）、国家建筑标准设计图集《膜结构》（24G543）、《膜结构技术规程》（CECS 158—2015）、《膜结构施工质量验收技术规程》（T/CECS 664—2020）、《膜结构工程消耗量标准》（T/CSCS 035—2023）、《充气膜结构技术规程》（T/CECS 1323—2023）、《膜结构企业等级会员评定标准》（T/CSCS 055—2024）等编制工作。目前正在编制和即将启动编制《膜结构制作技术标准》、《膜结构检测与监测技术标准》。上述标准涉及膜结构的设计、制作、安装、验收、检测、概预算等，标准编制在保证膜结构工程质量、促进行业健康发展方面发挥了积极作用。

回顾 20 年我国的膜结构创新发展历程，在自由竞争市场中，膜结构与膜结构行业的未来如何发展值得全体膜结构从业者认真思考。一方面，期冀广大的膜结构同行能坚守底线，不忘膜结构的"初心"，以艺术创作方式做精品工程；另一方面，共同维护行业秩序，共同承担社会责任，通过进一步完善标准体系，规范企业经营行为，保证膜结构未来健康发展。

链接

中国钢结构协会空间结构分会成立于 1993 年，是我国空间结构行业的全国性专业社会团体，承担膜结构行业的社会服务工作。空间结构分会目前拥有 550 余家从事膜结构、网格结构、索结构等各类空间结构设计、施工、制作、安装和技术研发的会员单位，秘书处依托北京工业大学空间结构研究中心。经过 30 余年的发展，我国空间结构行业内的主要企业和相关单位大多数均吸纳为分会的会员，囊括了国内空间结构领域的知名学者、教授、专家以及企业高级管理人员。空间结构分会积极推动膜结构在我国的应用与发展，建立了我国膜结构工程建设标准体系，积极开展技术交流和人才培训等方面的工作。经过 20 多年努力，空间结构分会目前已成为我国膜结构行业最具影响力的社会团体，对促进我国空间结构的技术创新和工程建设发挥了积极作用。

应用实例

土工材料在低碳景观设计中的研究应用

成 立

（中国建筑设计研究院有限公司）

土工布又称土工织物或土工合成材料，具有良好的化学、物理和水工性能，至今应用在工程上已有几十年的历史[1]，广泛适用于公路、水利和景观等工程建设中。通常在景观建设项目中，土工材料大多应用于景观水体、生态护坡、屋顶花园等领域。随着国家对低碳相关政策的倡导和各方面政策支持，特别是海绵城市、雨洪利用等建设项目的发展，土工材料在景观中的应用范围越来越广泛，其凭借低碳环保的性能也成为景观项目实施过程中的关键一环。如何在保障景观效果的前提下，做好景观工程的选材工作，尽可能减小其对景观生态的影响，满足植物的生长需求，同时满足景观效果的要求，成为摆在景观设计师面前亟待解决的难题。

土工材料作为景观水景、绿化工程的隐蔽支撑，主要用于地下，但各类景观水景、绿化工程又是景观效果的灵魂所在，因此土工材料也成了景观选材的重要组成部分。无论在城市景观还是在郊野生态景观的建设过程中，普遍存在保水、蓄水、渗水等要求，在盐碱地、河滩等生态脆弱的地方，景观效果的表达更离不开地下工程的铺垫。随着海绵城市的推广建设日益增多，同时要求景观工程的设计满足海绵城市的相关建设要求，各类景观建设对土工材料的需求也不断升级。中央及地方近年来多次提出对城市更新和新建项目的海绵城市建设要求和指标考核，海绵试点城市的建设也针对海绵设计和工程材料的选择进行了探索和创新。

在土工材料的工程应用方面，国内外已形成较为成熟的技术应用，国内对土工布在景观设计中的研究较少，只有少数与水有关的景观根据项目的个例情况进行了探索。相较于景观工程，国内的大型水利工程在土工材料应用的广度和深度方面更有建树，土工材料在水利方面的应用更为广泛且施工工艺的研究更为先进。景观工程对土工材料的施工工艺与现场施工条件有一定的要求，然而，产品材料选择方面的标准有待进一步明确。

本文梳理研究了土工材料在景观设计中的设计依据，调研分析了工程应用中不同材料在防渗方面的优劣势对比，展示了土工材料在海绵城市低碳景观设计的应用理念。针对屋顶花园、海绵城市、滨水景观等不同景观工程中土工材料的应用方式，提出了土工材料在未来景观工程中的广泛应用前景。

1 土工材料概述

土工材料是土木工程应用的合成材料的总称。土工历史早在 20 世纪 20 年代已成功生产，具有质量轻、成本低等显著特点。土工材料分为几大类材料：土工布、土工膜、土工格栅、排水板、复合土工膜、土工网、土工格室、膨润土防水毯等。土工布、土工膜、膨润土防水毯、复合土工膜常用于景观水景工程，土工格栅、排水板、土工网、土工格室常用于景观绿化工程作为排水和固定土壤的材料使用。

1.1 设计规范依据

景观设计领域有几个常用的与土工材料相关的国家设计规范标准，首先是环境景观滨水工程方面，在图集中滨水景观岸线的规范做法明确了池底的防水要求，而这些防水要求就明确了要采用复合型防水卷材、土工布和膨润土防水毯的构造进行施工。

同样，在《种植屋面建筑构造》这本图集中也明确了土工布作为保护层、隔根层在种植屋面和植屋面水池中的应用方式和构造方法。在建筑规范中，种植屋面包含车库顶板的种植部分，地下构筑物上做绿化的统称为种植屋面，现在很多小区包括商场室外的地下都是停车场，所以这里种植屋面的范围不仅仅指的是屋顶，地库、地下室上面的种植场地都适用于种植屋面的做法，土工材料相应的应用范围也就不单单指屋顶花园而是延续到了整个场地当中。

土工材料是应用范围最广的海绵城市设计使用材料，如果说水景和种植是景观的重要构景元素，那么海绵景观则是同时兼顾水景和种植景观的，旱溪景观就是海绵城市的典型景观。通过海绵城市建设设计示例中给出的构造做法可以看出，土工布作为过滤布应用在海绵城市设计中的地下建筑顶板透水铺装、透水塑胶地面、下沉绿地、绿地排盐、植草沟、生物滞留池（带）、生态树池等生态设施中。这些生态设施贯穿了包含铺装在内的整个场地的景观内容。

1.2 防渗材料分类及形式

在实际工程中有四种常见的景观人工湖、蓄水池的防渗形式，这四种防渗形式如下表所示：

表 1 常见防渗材料及形式

序号	防渗材料	防渗形式
1	钢筋混凝土面板防渗	刚性
2	土工（布）膜防渗	柔性
3	膨润土防水毯防渗	柔性
4	沥青混凝土面板防渗	柔性

2 不同防渗材料的优劣势分析

2.1 钢筋混凝土面板用于防渗工程

优点：（1）防渗性能好，钢筋混凝土面板防渗工程中，混凝土面板自身的渗透系数仅 1×10^{-9} cm/s，其防渗性能主要取决于接缝止水及面板裂缝。（2）钢筋混凝土面板施工方法成熟，采用通用机械，施工质量能够得到保证，施工条件较好。

缺点：（1）钢筋混凝土面板属刚性防渗，变形模量大，对基础不均匀沉陷变形适应能力较差，受温度、干缩等影响容易产生裂缝。（2）面板结构缝多，接缝处理较复杂。（3）对气候条件要求较高，寒冷地区的冻融问题严重。（4）造价相对较高。

2.2 土工膜用于大型水景防渗工程

优点：（1）防渗性能好，渗透系数能达到 1×10^{-9} cm/s。（2）质轻，用量少，运输量少。（3）适应变形能力强。（4）土工膜施工简便，工期短。（5）耐腐蚀性强，造价低。

缺点：（1）易老化，使用寿命短。（2）材料性能良莠不齐，施工过程中容易形成质量缺陷且不易发现。

2.3 膨润土防水毯防渗工程

优点：（1）防渗性能优异、柔韧性好、自愈能力强、施工便捷和综合造价性价比高。（2）在人工湖工程中的应用能兼顾防水防渗、密封隔离、水景生态和环保等要求。

缺点：抗干湿循环能力较差，容易导致卷材防水层开裂和起鼓。

2.4 沥青混凝土面板用于蓄水池防渗工程

优点：（1）防渗性能好，渗透系数能达到 1×10^{-8} cm/s 以上。（2）变形性能强，有一定的自愈能力。（3）选择好的配合比，低温性能可达到 $-40℃$ 以下。（4）耐久性强、抗老化能力强。防渗整体性好，便于修补。

缺点：（1）施工需要专业队伍，施工工序相对复杂。（2）造价较高。

3 景观工程应用案例

3.1 土工材料在屋顶花园中的应用

土工布作为生态袋应用于北京环球影城地铁站项目进行屋顶绿化，屋顶整体是绿色

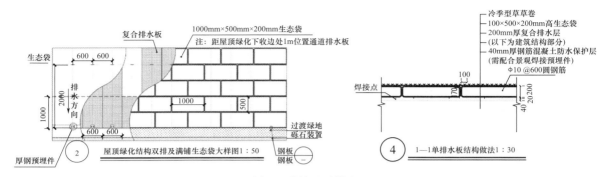

图 1　种植屋顶做法

的，屋顶的构造做法三个部分中有两个与土工材料有关，三个构造分别是复合蓄水层、生态种植袋、还有草皮卷。屋顶花园中的景观材料的可选择性也相对较少，整个项目的土工材料占比较大，这得益于复合土工布的自重轻、防水性好以及施工的便捷性，使得屋顶花园在其荷载受限制的条件下依旧能够让景观得到一定的展现，让绿色延伸到屋顶，在这样的城市环境中，为人们提供了更多的绿色空间，改善了建筑环境，降低了温室效应，促进了低碳景观的发展。

3.2　土工材料在海绵城市中的应用

图 2　海绵城市示意图

自 2014 年住房城乡建设部颁发海绵城市建设技术指南以来，我国海绵城市标准要求逐步完善。2015 年国家公布第一批 16 个海绵城市建设试点名单，2016 年国家公布第二批 14 个海绵城市建设试点名单；2019 年第一批试点城市考核验收；2020 年底城市建成区 20% 以上的面积达到目标要求，第二批试点城市考核验收；2030 年底城市建成区 80% 以上的面积达到目标要求。

目标要求的达成使得海绵城市设计在景观中的应用达到了一个新的高度，几乎涵盖了景观的各个方面，土工材料常用于海绵城市的一些常见旱溪、溢流井、海绵铺装等设施。

通过在河道周边的区域和街道采用的海绵城市做法的案例，可以看到从屋顶花园，通过植物与土壤净化屋面雨水，减少污染与径流应用的防水土工布，到透水铺装低下的透水土工布过滤层，再到三个核心过滤净化设施生态草沟、雨水花园、湿地，最终排到调蓄水体里，海绵设施所经之处全都应用了土工材料，土工材料的使用贯穿了海绵城市建设的各个阶段。

3.3　土工材料在滨水景观中的应用

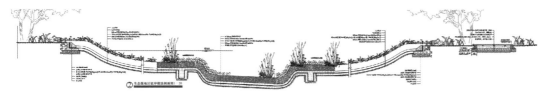

图 3　滨水景观做法示意图

生态河道建设是城市生态建设中的一个重要环节，应当加强水利基础性工程的建设、完善防洪、灌溉、排洪等农田水利设施系统，从治理中小河道开始着手，完善污水处理的配套设施，大力开展沿河污水治理和河道生态环境整治工作，构建良好的生态系统[2]。

固安引清干渠的项目，是一个泄洪渠的生态改造项目，由景观和水工专业共同设计完成。改造之前这条泄洪渠已经淤积严重，且部分渠段被周边的村庄排污搞成了臭水沟，生态环境相当恶劣，而且也对周边的农田有很大的影响。基于这个现状对引清干渠进行了清淤生态改造，由于现场施工工艺操作不当引发一些问题，实践表明复合土工膜在施工敷设过程中对垫层基低的一个要求，一方面是填筑体碾压不到位，渠坡未进行斜坡碾压，另一方面是坡脚基础也没有进行碾压，这种施工工艺很容易渗漏，影响后期的蓄水能力。在设计过程中我们给出了土工布铺设技术标准：（1）用于长丝或短纤维的土工布的安装通常采用重叠、缝合和焊接方法。缝制和焊接的宽度一般为 0.1m，搭接宽度一般为 0.2m。土工布可能会长期暴露在外，应进行焊接或缝合。（2）所有针迹都必须连续。在重叠之前，土工织物必须重叠至少 150mm。最小针距边沿（材料暴露的边缘）至少为 25mm。用于缝合线的最小张力应大于 60N 树脂材料或土工布，或应具有抗化学腐蚀和抗紫外线的能力。在任何缝制的土工织物上，"泄漏针"必须位于受影响的区域并进行缝制。安装后必须采取适当措施以避免土壤、颗粒物或异物进入土工织物层。根据地形和功能进行重叠可分为自然重叠、缝合或焊接。

景观专业在渠体设计断面的基础上也进行了二次优化，丰富了渠岸的景观效果，将渠体与周边的绿地景观融为一体。项目建成后，曾经的臭水渠已经变得荷叶连连、鸟语花香，生态得到了极大改善，成为周边居民喜闻乐道的一处健身场地。

3.4　土工材料在景观绿化中的其他用途

（1）园林树木的移栽和假植。大型树木、小型苗木假植前，可先将非织造土工布铺在树坑内再假植，然后铺上营养土，用这种方法假植园林树木成活率高，且保水保肥。

（2）冬季温室、露地育苗用（规格 25～30g/280cm）浮面覆盖。可防止风吹和提高地表温度。

（3）作天棚保温用。在温室、大棚内张一道非织造土工布作天棚，天棚与塑料大棚薄膜间距 15～20cm；形成一个保温层，可提高棚内温度 3～5℃，白天拉开，晚上闭合，隔层间须闭合严密才有效。

（4）作遮阳用。用非织造土工布直接覆盖在苗床上，上午盖、傍晚揭，能有效提高齐苗、全苗。花卉小苗、中苗，夏天可在苗上直接覆盖。

（5）减少冻害，在寒潮来临前，对易受冻害的植物，直接用非织造土工布覆盖，减轻冻害损失。

（6）盐碱地改良，在盐渍土地区建筑施工中，采用换填法＋复合土工膜隔离法进行盐渍土地基处理，施工进度快，施工技术简单、易操作，处理效果明显，对周围环境影响较小，同时又极大地提升了景观效果。

4 结论与建议

景观工程常采用复合土工膜作为防渗方案，主要因为其防渗效果好，材料采购方便，技术成熟，有大量已建工程实例，工程经验多，施工难易程度适中，工期短，可靠性满足工程要求，造价较低。在未来"低碳减碳"的大背景下，土工材料作为主流防渗、透水材料在景观中的作用不可或缺，在景观绿化中的应用也愈发广泛，土工产品在更新迭代中也将不断助力低碳景观的建设。随着土工材料产品的性能提升，其探索实践和创新示范为城市景观设计提供了可复制可推广的经验，具有重要的现实意义和社会效益。

参考文献（References）：

［1］甄亚洲，封严，非织造土工材科的发展现状及趋势［J］．天津纺织科技．2016.03.001

［2］张剑，李根，王芃，等．泰州市海陵区河道生态治理实践［J］．中国水利，2022（1）：41-42，51.

［3］戴荣里．盐渍土地基处理施工技术［J］．建筑技术，2017，48（11）：1224.

链接

　　中国建筑设计研究院有限公司（以下简称中国院）隶属于中国建设科技集团股份有限公司，创建于 1952 年，前身为中央直属设计公司。中国院秉承优良传统，始终致力于推进国内勘察设计产业的创新发展，以"建筑美好世界"为己任，将成就客户、专业诚信、协作创新作为企业发展的核心价值观，为中国建筑的现代化、标准化、产业化、国际化提供最为专业的综合技术咨询服务。专业人才涵盖建筑、结构、城市规划、造价、咨询、设备、电气等多个专业领域。中国院致力于建筑研究领域的发展，打造专业领域齐全、科研实力强劲、技术人才突出的科技研发团队，目前拥有国家住宅与居住环境工程技术研究中心、国家文物局重点科研基地、住宅实验室等一批国家级科研机构。中国院是国家建设主管部门重要的技术支撑单位，曾参与创办建筑设计行业团体及建立多家业内协会、学会组织，目前积极参与开展城乡建设设计领域各专业的行业活动，起到行业领军和指导作用，在多个技术领域达到国内领先、国际一流水平。

土工合成材料在真空预压法软基加固中的应用

张丰雨　郑爱荣　诸葛爱军

（中交天津港湾工程研究院有限公司）

历经 70 年的建设与发展，中交天津港湾工程研究院有限公司（以下简称港研院）的业务足迹已遍布全国，同时进军了亚洲、非洲、南美洲的十多个国家和地区，在港口、船坞、公路、铁路、桥梁、隧道、地铁、机场、水利、核电、风电、跨海通道等国内外工程建设领域作出了重要贡献。通过港珠澳大桥、深中隧道等项目不断将研究深入的同时，港研院在传统软基加固技术方面的经验积累也已走在了行业前列，形成了可针对各种类型软土地基的技术标准与体系，以下以东疆港软基处理工程为例，详细介绍该技术的基本施工原理以及港研院在本项目中对该项技术进行的改进。

1　工程概述

天津东疆保税港区是北方国际航运中心和国际物流中心核心功能区，位于天津滨海新区，成立于 2006 年 8 月。该港区集保税区、出口加工区、保税物流园区功能于一体，在拥有开发区、保税区等区域全部政策的同时，充分享受国家批准的涉及税收、口岸监管、外汇管理等方面的众多优惠政策。

东疆港区在建设过程中，其陆域形成主要采用了利用港池和航道疏浚土吹填造陆的方式。由于新填软土的地基承载力不足，容易在上部结构物的作用下产生较大的沉降变形，故需要在使用前对其进行加固。东疆港区地基加固主要采用了排水固结法，其中又以真空预压法的应用最为广泛。

真空预压法，是指通过铺设水平排水砂垫层和设置在软土地基中的竖向排水体（如塑料排水板），再在砂垫层上铺设不透气的薄膜封闭装置（如土工膜），借助于埋设在砂垫层内的管道，通过抽真空装置，使土体中形成负压，将土体孔隙中的孔隙水抽出，从而降低孔隙水压力，增加有效应力，使土体产生固结，减少后期沉降，提高地基承载能力的地基处理方法。

作为上述技术方法中排水及真空传递的通道，塑料排水板起到了至关重要的作用。塑料排水板是一种轻质、高强度的土工合成材料，具有多个沿纵向排列的通道结构，外覆滤膜。在地基加固过程中，土壤中的水分会在堆载或真空压力的作用下透过滤膜进入芯板，并快速地被引流至地表，从而在较短时间内达到固结土体、提高地基稳定性和承载力的目的。

图 1　真空预压软基加固技术

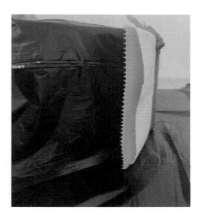

图 2　塑料排水板　　　　　图 3　鱼骨式芯板排水板横截面

2　东疆港区真空预压排水固结法设计

2.1　东疆港区工程地质条件

天津港东疆港区人工岛地基土主要分为两大层，上部 6～7m 为吹填土，其下为海相沉积土，主要为淤泥、淤泥质黏土，该土层含水率高、压缩性高、强度很低，且没有固结完全，不经过处理无法作为地基进行使用。

2.2　工程采用的加固方法及设计概况

东疆港区主要采用了真空联合堆载预压法进行软基处理。但由于中粗砂资源缺乏，工程人员因地制宜地改进了传统的真空预压排水固结方式，称为直排式真空预压法，在港区部分工程项目中进行了验证与应用。

本项目中真空预压采用的主要技术参数包括：膜下真空度设计值要求保持在 86kPa

以上，抽真空时间设定为 80～120 天，膜上堆载可按照不同土层、不同地质条件进行调整。纵向排水通道通过打设塑料排水板的方式实现，排水板正方形布置，间距 0.8～0.9m，排水板打设最低标高为-8.0～-14.5m。

部分具体工程设计参数统计如表 1 所示：

表 1　东疆港部分工程软基加固设计参数

工程名称			北港池三期	东海岸一期	中部主要道路（浅层部分）
加固工艺			真空预压	真空联合堆载预压	直排式真空联合堆载预压
加固荷载（kPa）			86	86＋膜上堆载（超载）	86＋膜上堆载
排水系统		横向（mm）	400（中粗砂）	400（中粗砂）	直排式
	竖向	排水板间距（mm）	800	850	900
		布置形式	正方形	正方形	正方形
		排水板底标高（m）	−14.0	−14.0	−8.0
有效抽真空时间（d）			120	80	100
卸载标准		沉降固结度（%）	90	75	90
		沉降速率（mm/d）	2.5	6.5	2.5

3　东疆港区真空预压施工控制要点

3.1　主要的施工流程

主要施工流程为：铺设土工布→吹填粉细砂垫层→铺设中粗砂排水层（直排式无该砂层）→打设塑料排水板→埋设监测仪器→埋设滤管→铺设 1 层土工布→开挖密封沟→铺设 2～3 层密封膜→安装抽真空设备→抽真空（真空监测）→吹填膜上粉细砂（联合堆载）→恒载抽气→卸载。

3.2　施工控制要点

真空预压过程中的所有步骤环环相扣，某一环节出现问题均将对最终的加固效果产生影响，以下是本工程项目中几个关键的控制节点。

3.2.1　水平向排水通道（粉砂垫层）的施工

在粉细砂吹填作业过程中，必须考虑到总厚度和原泥面的承载能力，采取分层次的吹填策略，以防止局部地区因吹填过厚而引发沉降的问题，或是因沉降量过大而导致的周边地面隆起现象。吹填时，应灵活调整管口位置，确保粉细砂分布均匀，防止出现明显的地形起伏。若发现局部区域存在隆起情况，可采取放置袋装砂加压或者人工踩踏的措施来进行压实处理，以降低隆起的程度。所有这些措施实施完毕后，才能继续后续的吹填工作。

3.2.2 塑料排水板的打设

塑料排水板打设主要控制以下几点：

（1）塑料排水板板材

塑料排水板施工前严把质量，再通过通水量、排水板拉伸强度等试验，所有指标数据合格后才能投入使用。

（2）排水板打设过程

在打设塑料排水板时，应在打设架和导管上做好清晰的标记，并为每台打设架配备标识牌。塑料排水板打设前，要对板面进行严格检查，务必保持板面平整，防止扭结。施工过程中，要对排水板垂直度、外露长度、平面位置以及回带现象进行严格细致的控制与监测，及时纠偏，避免出现类似浅打、漏打的严重质量问题。打设完成后，及时用中粗砂填补排水板附近的孔洞，清除加固区域内的杂物和打设过程中回带至砂面的淤泥。同时，确保每根排水板按照设计要求的间距和深度准确打设，以保证整个系统的竖向排水畅通无阻。

3.2.3 水平排水系统的施工

常规真空预压横向排水系统施工中主要采用了砂层用作横向排水通道，易于操作且加固效果也更容易得到保障。但在东疆港软基加固项目中，部分项目采用了直排式的真空预压方式，直排式真空预压方式去除了中粗砂层，使用滤管作为水平向排水通道，因此在这种排水固结的方式下，滤管与排水板之间的绑扎连接须紧密，且连接前不仅要严格保证滤管与排水板接头的清洁，无泥沙淤堵，还要保障各个通道连接处的结实可靠。当连接处出现返泥的情况时，要及时进行修补，清除泥沙，并沿问题处增补"中粗砂沟"，以保障排水通道的顺畅。

3.2.4 密封膜、压膜沟施工要点

除了以上所提到的排水系统，密封系统是真空预压软基加固成功的关键，因此除了对密封膜的质量有严格要求外，具体施工过程中还有以下几点需要额外注意：

（1）压膜沟须穿透粉细砂垫层，并且进入不透气土层以下 0.5m 以上，以保证土工膜完全将加固区域覆盖，侧向不会因透水漏气而导致真空度出现损失。

（2）若加固区边界透水透气层较深时，除了压膜沟以外，还应该打设黏土密封墙。黏土密封墙的参数要求：拌和后墙体的黏粒含量大于 15%；厚度不宜小于 1.2m；黏土墙渗透系数应在 1×10^{-5} cm/s 以下。

（3）真空预压施工过程中，膜上还应有一定深度的覆水以保证土工膜与地面贴合。

3.2.5 真空预压过程监测

整个软基加固过程中，需要严格对真空压力、固结沉降速率等参数进行监控，严格

确保按照正常的流程进行。

4 真空预压技术的改进与发展

在东疆港、连云港等地的地基处理过程中，港研院的工程技术人员与社会各界同行充分发扬了创新精神，针对出现的不同于传统施工环境中的一些问题，在原有真空预压技术的基础上进行了创新与改进。

（1）无砂垫层法加固技术

前述的直排式真空预压技术便是其中的一种，其目的是解决当地中粗砂资源缺乏的问题。研究人员创造性地提出，用人工合成材料替代传统材料，即以土工布与软式透水波纹管或土工布和海绵与软式透水波纹管组合作为水平排水体的方法。经过室内模拟试验及后续东疆港现场试验的验证，该方法的加固效果满足了地基处理的要求。

（2）真空预压二次加固技术

随着工程建设不断地向深海发展，所需吹填土的厚度也不断增加，吹填土的加固难度也越来越高，尽管通过传统的真空预压技术可以使地基产生较大的固结沉降，但所能达到的承载力仍然不够，在不断地尝试与试验研究中，港研院提出了二次插板的方法，一定程度上改善了这个问题，并推广应用在了一些新吹填超软土地基工程中。

（3）增压真空预压

为解决吹填土表层固结度长、加固时间长的问题，港研院发明了增压式真空预压法，该方法是对现有真空预压地基处理方式的一种改进，将加压管打入塑料排水板之间的土体，在排水板真空抽水一段时间后，开动增压管开始增压，通过增加排水板之间土体与排水板之间的压力，为孔隙水提供一个向排水板移动的驱动力，加速土体的排水固结，改善加固效果。该方法在东疆港项目中进行过几次工程应用，均取得了明显的效果。

港研院在东疆港试验项目中，凭借自身过往深厚的经验与技术积累，高效优质地完成了各项软土地基处理项目，同时，针对几类特殊的软土地基环境，创新性地提出了新式的解决方案，更新了工具库，为未来更多类似环境的地基处理提供了经验与参考。

链接

中交天津港湾工程研究院有限公司（以下简称港研院）始建于1959年，现隶属于中交第一航务工程局有限公司，是集科研、勘察、设计、监测、检测、评估、咨询、施工于一体的综合性研究院。

港研院拥有港口岩土工程技术交通行业重点实验室、天津市港口岩土工程技术重点实验室、中国交建岩土工程重点实验室和中国交建海岸工程水动力重点实验室等多个科研平台，是港口水工建筑技术国家工程实验室、吹填造陆与软土工程教育部工程研究中心和天津市水下隧道建设与运维技术企业重点实验室的共建单位之一。

港研院设有博士后科研工作站，并与清华大学、天津大学、河海大学、大连理工大学、天津城建大学等多所大学开展博士后联合培养与科研合作。主编并向国内外公开发行中文科技核心期刊《中国港湾建设》和一航局刊物《华北交通工程》。港研院的业务足迹已遍布全国，同时进军亚洲、非洲、南美洲，在港口、船坞、公路、铁路、桥梁、隧道、地铁、机场、水利、核电、风电、跨海通道等国内外工程建设领域作出了重要贡献。

青藏铁路措那湖区风沙治理工程

刘守亮[1] 李 林[1] 郭永连[2]

(1. 中铁十二局集团铁路养护工程有限公司；2. 安徽盛典网布织造有限公司)

1 工程概况

青藏铁路格拉段在 K1525～K1550 段沿措那湖东岸修筑，东临风沙侵蚀，西靠措那湖，地形相对平缓，沿线地表多为半固定沙地或常年性流动沙地，地表积沙现象较为严重，局部风沙流发育，部分地段呈新月形特征较明显。线路走向大体呈南北方向（现场测得为 177°左右），主导风向为西西南（与线路右侧已防护住的带状沙丘轴向基本垂直），因主导风向与线路走向夹角较大，措那湖东北岸 K1525～K1535 段 10km 线路受风沙侵蚀最严重。

青藏铁路措那湖区沙害影响主要表现为路基两侧及附近低凹地段严重积沙，形成流沙上道的安全隐患，在片石通风路基地段，积沙填埋片石空隙后，将减弱和破坏片石通风路基的通风效果，形成新的路基病害。然而风沙的侵蚀不只是对青藏铁路本身构成威胁，影响铁路的安全运营，也将极大地影响铁路沿线的生态环境和自然景观。由于地处高原风沙区，地表植被不发育或几乎无植被，故整个风沙治理项目的施工难度大、技术要求高。

措那湖区沙害是目前世界上海拔最高的沙害区，受青藏高原巨大的风动力和热力作用，其面临地表风蚀将已固化的沙丘活化、荒漠化加剧、高原风沙愈趋严重等技术难题。

2 措那湖区风沙治理要求

措那湖区沙害治理主要采取防、阻、护、拦等措施，采取筑坝、截水、固沙、冲刷的方式，变废为利。在采取了以沙治沙方式创新的同时，还采用了高立式 PE 防沙网、PE 大方格防沙网、低立式 PE 防沙网、挂（插）板式挡沙墙结合防护的措施，并翻修了部分功能不良的片石石方格固沙设施起到防沙、阻沙、拦沙、固沙的效果。

目前，国内外尚无高原高寒区沙害治理的设计经验，措那湖区沙害是位于青藏高原上海拔最高的沙害区，因此，高原高寒高海拔区的沙害治理是该工程的关键技术问题之一。

3 工程设计方案

3.1 措那湖区沙害治理措施

（1）巴索曲特大桥（K1533＋483）下游沙坝。巴索曲特大桥（K1533＋483）桥址下游150m处以积沙填筑略长于桥长的顶宽8m、底宽20m、高6m的正梯形断面沙坝，并在线路右前方沙坝角修筑排放能力与巴索曲河道汛期流水量接近的排水口（排水口高程相对于桥下原地面＋1.5m），沙坝顶面和坡面全部使用PE网覆盖防护，保证沙坝稳定和避免新沙源风蚀铁路设备。沙坝相当于向右平移了150m的路堤或桥梁，形成了新的人为阻沙屏障，使得大量风沙积于沙坝外侧，少量落入长550m、宽150m的人造湖塘中，极大地减少了风沙对桥梁上轨道的污染。汛期，巴索曲河水下泄时从巴索曲特大桥桥下通过，冲刷掉秋、冬、春季风积的积沙，周期性保持桥址右侧150m范围内无大量积沙，避免了人工或机械清理，节省了大量维修成本。

（2）高、低立式PE防沙网。高、低立式PE防沙网治沙防护形式是青藏铁路格拉段近年来防沙工作的主要措施之一。高立式防沙网以3道1.5m高、间距20～30m并布设置在线路右侧，有效地防护了风沙的侵蚀。在高立式防沙网的背风侧（风积区），大量的风沙堆积在此，形成了横断面为三角形的沙垄，3道防沙网自外向内的阻沙量的体积比为55∶13∶1。低立式防沙网为1m见方、30cm高的网方格，当低立式防沙网格内积沙积满后，人工将低立式防沙网拔起再固定即可进入下一个周期的固沙、阻沙，低立网可循环使用，维修方便。

（3）挂（插）板式挡沙墙。在线路迎风侧500m处设3道高立式挂（插）板式挡沙墙，其间距为30m一排，背风侧300m处设2道高立式挂（插）板式挡沙墙，挡沙板间距为30m。

（4）沙坝上植草固沙。利用坝体沙粒逐步密实的物理过程，结合高寒区人工种草的成功经验，选用中华高原羊茅、冷地早熟禾、草地早熟禾、垂穗披碱草等草种，揭开沙坝表面PE防护网，施入有机肥羊粪，中度翻入沙土中，以20cm为宜，并施磷酸铵、复合肥。沙土中无有机质，要通过施肥增加土壤有机质含量，施肥要求均匀播撒于沙土中。施肥后在沙坝上均匀播撒草籽，并进行人工埋种推平，埋压沙土中2～3cm压实，洒水并铺设保温塑料膜以提高沙土温度，促进种子发芽。最后重新覆盖沙坝PE防护网并绑扎结实。

3.2 材料设计与治理标准

PE防沙网选择标准：密度不小于0.954g/cm，幅度1.8m，断裂强力（kN/50mm）经向1.533，纬向1.567，耐应力开裂不小于30h，屈服强度不小于24MPa，冲击强度

不小于 $15kg/cm^2$，拉伸强度不小于 $30MPa$，且防晒，耐磨，耐寒。

4 治沙材料及工艺

4.1 PE 防沙网

PE 防沙网是由高密度聚乙烯和紫外线抑制剂制成，是一种耐酸碱、耐腐蚀的高分子塑料。防沙网格的结构一般为上疏下密的特殊结构，透风的同时能有效截留沙粒，阻止沙子流动，创造良好的生态环境，促进植物生长，提高土壤稳定性，防止土壤流失，推动沙化土地的生态恢复。其应用范围广泛，适用于沙漠、草原、戈壁滩等各种沙地环境，能够固定流动沙丘，防止沙尘暴，修复退化的草原。

4.2 施工工艺流程和操作要点

4.2.1 施工工艺流程

放样定点→开挖防沙网立柱基础→填埋防沙网立柱→安装 PE 防沙网→防沙网铁丝固定→检查验收

4.2.2 操作要点

（1）放样定点。PE 防沙网安装前先确定设置的位置和长度，根据现场风向、积沙堆积位置、清理范围，确定防沙网立柱位置后，开挖立柱基础，填设防沙网立柱，埋设后的立柱牢固，立柱间五道铁丝紧密受力，经验收合格后安装 PE 防沙网。

（2）安装 PE 防沙网。PE 防沙网安装时应拉直，不能有褶皱，尽量张紧，然后用薄铁皮钉固定，不得卷曲、扭结。人工顺防沙网设置方向开挖 $0.3m \times 0.3m$ 的土槽，将防沙网以 30cm 宽的间距埋入土内，用开挖原土回填。

（3）防沙网固定。PE 防沙网安装定位后，随即在防沙网迎风侧每隔 4 根立柱设立柱拉线 1 根，拉线为 8# 铁丝，长 3.0m，拉线一头绑扎在立柱顶部，另一头绑扎在地锚上，地锚 2.0m 长，直径 16mm，以保证防沙网安装后牢固。

5 工程特点、难点及创新点

5.1 工程特点

措那湖区沙害是目前世界上海拔最高的沙害区，受青藏高原巨大的风动力和热力作用，面临地表风蚀将已固化的沙丘活化、荒漠化加剧、高原风沙日趋严重、治理难度大问题，施工极具挑战性。

5.2 工程难点

（1）气候条件差、施工难度大。措那湖区地处青藏高原，平均海拔 4000m 以上，这里气候恶劣、生态脆弱、环境独特，高原日照时间长、空气干燥、氧含量低，阳光辐射强，气温低，全年夏季极为短暂、降水量少。高原荒漠、高寒草原和草甸、裸露地表、热融湖塘及沼泽湿地受散牧牲畜、冻融交替、常年大风、全球变暖等条件影响，致使雪线上升、草场退化、湖塘收缩甚至消失，导致沙化侵蚀日趋严重，施工难度大。

（2）施工质量要求高。从沙坝，高、低立式防沙网，挂（插）板式挡沙墙施工到植草，各工序必须精细作业，否则难以满足质量要求。另外，工序验收频次高，验收合格是进入下道工序的前提。

5.3 创新点

在措那湖区沙害治理设计中，利用巴索曲河道常年流水的有利条件将大量的积沙堆积起来，采取筑坝、截水、固沙、冲刷的方式，变废为利。在采取了以沙治沙的方式创新的同时，通过在沙坝上植草，采用高立式 PE 防沙网、PE 大方格防沙网、低立式 PE 防沙网、挂（插）板式挡沙墙结合防护的措施，减轻了工务部门的管理压力、减少了投入清沙的费用、控制了轨道设备的污染、提高了大机维修的效率、均衡了线路设备状态，工程现场见图 1。

图 1　风沙治理工程现场

链接 1

中铁十二局集团铁路养护工程有限公司成立于 2007 年，是世界 500 强中国铁建股份有限公司的三级子公司，经原铁道部批准的国内第一家铁路养护专业化公司。主要从事铁路、公路、城市轨道交通、城际高铁、基础设施、智慧城市、公共卫生设施等运营"维管"业务，以及环境整治、抽水蓄能、光伏发电、污水处理、市政工程、片区开发等各类绿色施工类业务，是中国铁建传统优势产业以外，围绕运营维管、生态环保、加工制造三大板块打造的一家新兴产业类综合工程公司。

公司拥有铁路工程、房屋建筑工程、市政公用工程施工，公路、水利水电施工以及多项专业总承包资质，现有员工 1200 余人，大型养路机械、轨道车、轨道检查仪、RTK、钢轨母材探伤仪、双轨式钢轨探伤仪在内的机械和安全质量检测等先进设备700 余台（套）。包括高原型重型轨道车 6 台，大型养路机械 3 台，连续性双枕捣固车 2 台，动力稳定车 1 台；小型养护机械设备 2200 余台（套），车辆 100 余辆，生产用车辆 50 余辆、指挥用车辆 30 余辆等。

自 2006 年起，公司承担着西藏境内的青藏铁路格拉段唐古拉山以南 525km、拉日铁路 252km 的工务设备委托维修任务，以及内地 15 个城市的轨道交通、公路、城际线等 35 个维保项目。自成立以来，公司生产经营区域、领域和规模持续扩大，专项能力和专业水平不断提升，2018 年被中国铁建股份有限公司确立为第一批新兴产业重点扶持单位。公司先后荣获团中央青年文明号、全国五一劳动奖状、全国模范职工之家、铁道科技二等奖和交通运输部先进个人、央企青年文明号、西藏工匠等一系列奖项。

链接 2

安徽盛典网布织造有限公司前身是安徽富利达织造公司，始建于 20 世纪 70 年代，是安徽省筛网生产骨干企业。企业历经 1994 年、1997 年、2002 年 进行三次规模较大的技术改造，总投资 1.2 亿元。从日本引进电脑控制喷水织机生产线，工艺先进、配套合理。目前产品有 HDPE 防沙网、涤纶筛网、绵纶筛网全绞筛网、真丝筛网、金属筛网、工业滤布、各种造纸网等十大系列 300 多个品种，年生产能力 1590万米，广泛用于国防科研、化工、食品、酿造、印染、制种、环境保护等工矿企业，亦可根据用户需要生产特殊规格型号用途供之。特别是公司生产的 HDPE 防沙网，经特殊工艺进行科学处理，具有抗老化、抗紫外线、抗腐蚀等功能，产品经久耐用。2009 年经铁道部西北研究院推荐给青藏铁路公司工务部格拉段使用高立式尼龙网进行防沙治沙工程，产品环保无污染，可回收利用，寿命已达十年以上。

横沙东滩圈围（八期）龙口合龙工程

谢　昆　丁怡骏

（中交上海航道局有限公司）

1　工程概况

横沙东滩圈围（八期）工程围堤建设内容主要包括：新建东堤 3.694km，新建北堤 18.815km。

本工程圈围面积 6.36 万亩（4240ha），面积较大，为减少库区龙口合龙难度，共设有 5 条分隔堤（其中 1♯、3♯、4♯、5♯为新建，2♯隔堤为已建），将库区分为 1♯～6♯共计 6 个库区，并在每个库区各设龙口 1 个。

原计划 1♯～6♯龙口于 2017 年 1 月同时合龙，由于本工程地处长江口，施工受风浪条件影响极大，未能同时合龙。工程开工以来（2016 年 9～10 月）遭受 4 次台风及 2 次长寒潮大风，施工受到极大影响，以致开工后预计的作业天数和完成工程量均未达到预期。尤其是 6♯围区所处位置，受风浪影响最大，施工有效作业天远远小于其他几个围区，且 6♯围区土方量最大，相当于七期工程总土方量，因此与其他 5 个龙口同时合龙存在难度。根据专家咨询会意见，实际工程进度于 2017 年 1 月合龙 1♯～5♯龙口，2017 年 3 月合龙完成 6♯龙口。

2　工程设计方案（3♯龙口）

2.1　龙口护底基础构筑

龙口构筑时，护底采用了双层软体排护底结构。底层铺设砂肋软体排，上层铺设混凝土连锁片软体排，两层软体排搭接位置错缝铺设。在龙口外侧抛石加高至＋1.0m 后，在混凝土连锁片排上铺设一层 380g/m² 机织布通长砂袋，用于加高抬升龙口底标高，减少龙口合龙土方量，减小合龙难度，然后进入龙口保护期并加强监测。

2.2　备砂

龙口合龙土方一般不少于设计土方量的 1.5 倍，2017 年 1 月 1～9 日进行外棱体合龙，3♯龙口合龙外棱体断水方量约19000m³；1月10～15日，3♯龙口外棱体加高、内棱体及堤心砂闭气土方需要约31300m³，共计需砂量约50300m³。根据现场实际施工组织及产能分析，采用以下备砂方式：

（1）龙口西侧设置一座龙口砂库，砂库面积14000m³，备砂方量70000m³。

（2）补充备砂方案，东侧通过对内棱体加高至＋6.0m，使堤心砂备砂标高达到＋5.5m，取砂至＋3.0m，备砂方量40000m³。备砂总量110000m³满足使用需求。

（3）3♯龙口取砂区在龙口两侧各180m区间布置，在2016年12月25日前备砂完成。

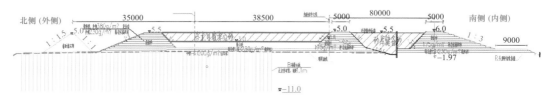

图1　龙口两端堤心砂备砂及砂库断面示意图

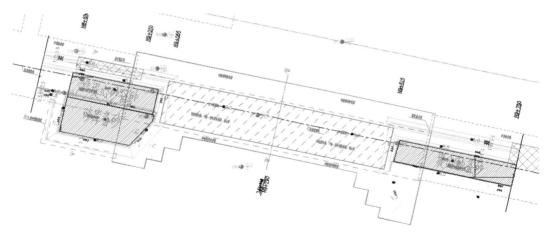

图2　龙口两端堤心砂及砂库备砂平面示意图

2.3　龙口土方合龙

（1）合龙时间选择

结合工程实际推进情况，1月3日抛石截流在小潮汛期间，根据小潮汛抛石截流时水位表，库内水位在＋2.0m左右。然后于1月9日前加高抛石坝至＋5.0m，同时外棱体达到＋4.5m标高，可有效截流。

在外棱体达到＋4.5m标高以上后，后续6天内可在断水合龙后继续进行内外棱体加高及堤心砂施工，完全满足龙口合龙时间需求。

（2）合龙土方工程量

3♯龙口在1月1～9日将外棱体抬高至＋4.5m实现断水。1月15日前完成剩余内外棱体及堤心砂加高施工，工程量见表1：

表1　合龙工程量表

合龙项目	合龙断面总量（m³）	+4.5m合龙断水工程量（m³）	后续施工工程量（m³）	备注
外侧棱体	30600	26000	4600	外棱体快速加高至+4.5m，实现断水；后续6天完成内外棱体和堤心砂施工
内侧棱体	10700	/	10700	
堤心砂	34200	/	34200	
合计	75500	26000	49500	

（3）合龙安排及效率分析

合龙施工及布置：3♯龙口土方合龙从1月1日开始，1月9日完成外棱体抬高至+4.5m实现断水，然后进行靠背砂加固施工，之后6天内继续加高，外棱体至+5.0m，内棱体至+3.8m、堤心砂达到+3.0m，实现龙口闭气。

龙口合龙采用泥浆泵砂库取砂充灌砂袋施工，每台泥浆泵功率为37kW，施工效率为60m³/h；16台泥浆泵总效率可达960m³/h。配备泥浆泵16台，龙口两侧各配8台泥浆泵，同时备2台泥浆泵备用，共计每个工作日供砂16×60×10＝9600m³，共有6个有效日，共可供砂57600m³，是外棱体土方26000m³的两倍以上，满足供应需求。龙口合龙平面布置图如图2所示。

图3　龙口合龙施工平面布置示意图

合龙后续安排：3♯龙口合龙断水后剩余外棱体加高、内棱体及堤心砂工程量约49500m³，仍采用泥浆泵供砂和库内外自吸船供砂充灌的施工方式，6天内完成闭气。

3 材料和工艺

3.1 主要材料规格

（1）本工程所采用的土工合成材料包括机织布、编织布、复合布、无纺土工布及加筋带等，不得采用再生料。

（2）本工程所用土工合成材料均应备有出厂鉴定书或合格证书及抽样试验报告，对土工布的质量、力学指标进行检验，各项技术规格指标应符合设计要求，监理部门认可后方可使用。

（3）对存放期（指进入现场后库存）超过 6 个月或出现老化、破损现象的土工织物一律不得使用。

（4）制作前应详细检查土工布有无孔洞、破损、老化，外观上凡经纬线明显疏密不均、明显老化的一律不得使用。

（5）施工现场临时堆放必须选择库房或有良好保护条件的场地，防止日晒。土工布原材料及其制成品严禁在强光下堆放。

（6）土工织物缝制线采用 35 支三股防老化锦纶线，采用包缝法（两道锦纶线，针距≤7mm）或丁缝法拼接，拼接缝制后强度不低于原织物强度的 60%。

（7）其余按《土工合成材料应用技术规范》（GB/T 50290—2014）执行。

（8）材料技术指标见表 2～表 6。

表 2　防老化聚丙烯编织土工布技术指标

项目		单位	指标			
			$110g/m^2$	$175g/m^2$	$200g/m^2$	$230g/m^2$
* 单位质量		g/m^2	≥110	≥175	≥200	≥230
* 抗拉强度	纵向	kN/m	≥18	≥34	≥40	≥48
	横向	kN/m	≥16	≥30	≥34	≥38
* 延伸率	纵向	%	<25	<25	<25	<25
	横向	%	<25	<25	<25	<25
梯形撕裂强度	纵向	N		>300	>340	>400
	横向	N		>300	>340	>400
顶破强度		kN	>1.6	>2.7	>3.2	>3.8
* 孔径 $\phi 90$		mm		0.07～0.2	0.07～0.2	0.07～0.2
* 垂直渗透系数		cm/s	$>2×10^{-3}$	$>2×10^{-3}$	$>2.0×10^{-3}$	$>2.0×10^{-3}$
* 抗紫外线强度保持率（96h）		%		>90%	>90%	>90%

表 3 防老化聚丙烯长丝机织土工布技术指标

项目		单位	指标		
			$200g/m^2$	$230g/m^2$	$300g/m^2$
＊单位质量		g/m^2	≥200	≥230	≥300
＊抗拉强度	纵向	kN/m	≥50	≥60	≥75
	横向	kN/m	≥45	≥58	≥64
＊延伸率	纵向	%	＜35	＜35	＜35
	横向	%	＜30	＜30	＜30
梯形撕裂强度	纵向	N	＞800	＞950	＞1150
	横向	N	＞800	＞950	＞1150
顶破强度		kN	＞4	＞5	＞7.3
＊孔径 $\phi 90$		mm	＜0.15	＜0.15	＜0.15
＊垂直渗透系数		cm/s	＞$1.0×10^{-3}$	＞$1.0×10^{-3}$	＞$1.0×10^{-3}$
＊抗紫外线强度保持率（96h）		%	＞90%	＞90%	＞90%

表 4 防老化聚丙烯针刺复合土工布技术指标

项目		单位	指标	
			$380g/m^2$ 机织复合布 （$230g/m^2$ 机织布＋ $150g/m^2$ 无纺布）	$380g/m^2$ 编织复合布 （$230g/m^2$ 编织布＋ $150g/m^2$ 无纺布）
＊单位质量		g/m^2	≥380	≥380
＊抗拉强度	纵向	kN/m	＞52	＞34
	横向	kN/m	＞50	＞32
＊延伸率	纵向	%	＜35	＜25
	横向	%	＜30	＜20
梯形撕裂强度	纵向	N	＞800	＞520
	横向	N	＞700	＞440
顶破强度		kN	＞5	＞4
＊孔径 $\phi 90$		mm	＜0.1	＜0.1
＊垂直渗透系数		cm/s	＞$1.0×10^{-3}$	＞$2.0×10^{-3}$
＊抗紫外线强度保持率（96h）		%	＞90	＞90

表 5 $450g/m^2$ 无纺土工布技术指标

项目		单位	指标
＊单位质量		g/m^2	≥450
＊抗拉强度	纵向	kN/m	＞14
	横向	kN/m	＞14

续表

项目		单位	指标
*延伸率	纵向	％	＜70
	横向	％	＜70
梯形撕裂强度	纵向	N	＞380
	横向	N	＞380
顶破强度		kN	＞2.4
*孔径 $\phi 90$		mm	＜0.08
*垂直渗透系数		cm/s	＞1.0×10-2

表 6　加筋带、丙纶绳、锦纶线技术指标

项目	规格	拉伸负荷（N）*	伸长率（％）	单位重量（g/m）	抗紫外线强度保持率（96h）*
丙纶加筋带	宽度5cm	＞16000	≤25	≥52	
三股丙纶绳	Φ14mm	＞24000	＜20*	＞90	90％
三股锦纶线	35支	＞150			90％

注：1. 各土工织物技术指标表中带"*"为必须达到的指标，其他指标允许偏差5％。

2. 延伸率指标以达到表内抗拉强度时的延伸率为准。

3. 水下段通长袋（具体桩号范围见下）、用作抛填砂袋袋布不作防老化要求。

4. 用作砂被袋布的200g/m² 编织布不作防老化要求。

（9）材料类型及使用位置：

① 110g/m² 聚丙烯编织布：袋装碎石袋体；

② 175g/m² 防老化聚丙烯编织布：内侧一级棱体及二级棱体以上的袋装砂袋布；

③ 200g/m² 聚丙烯编织布：砂被袋布；

④ 230g/m² 防老化聚丙烯编织布：外侧袋装砂一级棱体袋布；

⑤ 200g/m² 防老化聚丙烯长丝机织布：砂肋软体排砂肋布；

⑥ 230g/m² 防老化聚丙烯长丝机织布：通长袋及临时抛石坝底通长袋；

⑦ 230g/m² 聚丙烯长丝机织布：通长袋抛填砂袋袋布、抛填砂袋袋布、砂库通长袋、袋装砂顶部袋袋布；

⑧ 300g/m² 聚丙烯长丝机织布：通长袋及临时抛石坝底通长袋袋布；

⑨ 380g/m² 防老化聚丙烯机织复合土工布（230g/m² 聚丙烯（丙纶）长丝机织布＋150g/m² 聚酯（涤纶）短纤针刺无纺布）：软体排排布、反滤布；

⑩ 380g/m² 防老化聚丙烯编织复合土工布（230g/m² 聚丙烯（丙纶）编织布＋150g/m² 聚酯（涤纶）短纤针刺无纺布）：外侧袋装砂一级棱体及龙口两侧袋装砂袋布；

⑪ 450g/m² 无纺土工布：反滤布；

⑫ 加筋带、三股丙纶绳：软体排；

⑬ 三股锦纶线：土工织物缝制线。

3.2 工艺流程

3.2.1 袋体加工缝制工艺流程

每层袋体加工宽度根据设计图纸断面相应标高的宽度确定，在垂直于轴线方向必须连续，不得分袋；平行于轴线方向袋体长度根据施工船舶尺度和现场施工能力（充灌砂施工效率、运砂船方量等）确定。

（1）划线放样：检测合格的土工布经监理工程师同意后，按设计袋体宽度和长度进行划线放样，并根据放样尺寸进行裁剪。

（2）袋体缝制：裁剪好的土工布，采用工业缝纫机拼缝成袋。为方便输砂管插入充填并使砂层厚度均匀，袋体加工时，将在袋体沿长度方向每间隔 4～5m 缝制一排充填袖口。

（3）检验、打包、入库：袋体加工完成经检验合格后打包，运往成品仓库，填写入库单，写明规格、型号、所用部位、加工日期，并备好出库单，供出库用。

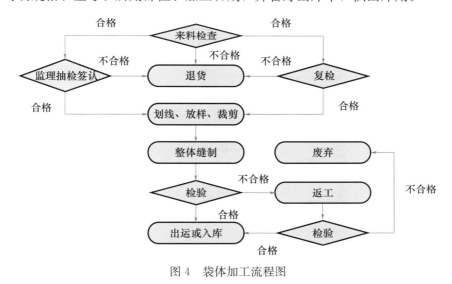

图 4　袋体加工流程图

3.2.2 充填砂袋施工工艺流程

采用人工趁潮铺袋充填施工方法进行水上袋装砂棱体施工作业。

人工赶潮铺设袋装砂棱体施工时间安排在落潮滩地露出时进行，施工前施工测量人员采用移动式 GPS 现场测量放样，根据设计要求标识出充填砂袋体的外边线和内边线，经测量监理工程师认可后开始铺设。施工前，加工好的袋体装运至施工现场，由交通船驳运至具体施工点，待低潮时人工铺设袋体。铺设袋体利用运输船将袋布运输至施工位置，由工人将袋布展开，利用人力绷紧袋布，用袋头袋尾拉环将袋体固定在铺设位置，展开及固定过程中保证袋体的充分展开，防止袋布皱褶、收缩，保证铺平无褶皱。

完成准备工作后，充填袋供砂采用吸运吹工艺，吸砂船在指定区域取砂，运砂驳运输靠泊吹砂船，再由吹砂船供砂。充灌过程中注意控制砂浆浓度，停充前打清水，防止堵管。

充填砂袋施工时，采取上下袋体错缝堆叠、阶梯式推进方式。铺填完成后，轮廓线要满足设计要求；同层相邻袋体接缝处预留收缩量，充填后的袋体不得形成水平通缝；充填袋在制作、运输、堆放、铺设和填充等施工过程中，注意保护，不得出现破损和老化现象，如有其他原因造成的破损，及时采取补袋措施，避免水流冲刷。对袋装砂棱体外坡采用道砟或小袋装砂贴坡的方法，不允许采用破袋削坡的方法，调整外坡轮廓线水平位置，形成符合设计的坡面。

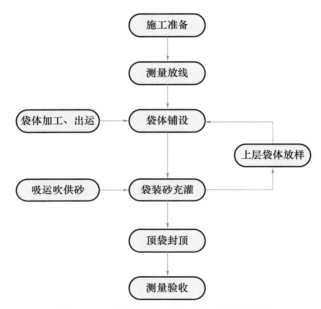

图 5　人工趁潮陆上铺袋充填工艺流程图

4　龙口合龙重点和难点

（1）库区面积大，最小库区为 5♯围区，面积 4.85km²，最大库区为 1♯库区，面积 7.77km²，5 个库区总面积约 31 km²。各库区库容量高，涨落潮时库内外水位差持续时间长，龙口位置平潮时间短，龙口流速高。

（2）单个龙口最大为 500m，五个龙口总长度 2200m，合龙工程量大，土方总量约 45 万 m³，所需要的土方施工强度极高。

（3）施工所需的机械、船舶需求量大，需要提前组织好船机设备，并根据各龙口水深等工况条件，在 5 个龙口合理安排、分配满足各自施工强度要求的船舶，组织、管理难度大。

（4）合龙所需的充灌砂操作人员多，另外需要提前安排好砂袋布的加工，泥浆泵、发电机、库内预留自吸船、砂库备砂、拖轮、锚艇和救生设备等，都是龙口合龙准备工作的重点。

（5）库内5条隔堤是否达到设计的防渗要求，是合龙前检查的重点工作。

（6）合龙前根据气象预报的有效作业天，有针对性地安排合龙施工的各项工作。

（7）通过数模计算，运用科学手段进行指导，合理安排龙口收缩时间、收缩幅度、平堵高程和合龙时间，工程现场见图6。

图6　龙口合龙工程现场

链接

中交上海航道局有限公司隶属于中国交通建设股份有限公司，是国内最大的航道施工企业之一，拥有世界先进、国内最大的"新海凤""新海虎""新海龙"轮等大型自航耙吸挖泥船和"新海豹""新海鹰""新海鳄"等大型绞吸挖泥船及各类工程、辅助船共101艘，年疏浚吹填能力近3亿 m^3，自航耙吸挖泥船总舱容量超过16万 m^3。公司具有港口与航道工程施工总承包特级、航道勘察设计甲级、测绘甲级等资质。公司先后五次被评为"全国优秀施工企业"等称号。

公司以优良业绩享誉海内外疏浚、填筑市场，先后承建了江苏太仓中远国际城，上海长江口深水航道治理一、二、三期工程，洋山深水港陆域形成及航道疏浚工程，上海青草沙水库工程，唐山曹妃甸通路路基和工业区围海造地工程，冀东油田人工端岛工程，黄骅港深水航道整治和天津临港工业区围海造地工程等几十项国家和地方大型重点工程项目，为中国港口和航运事业发展作出了卓越贡献。公司自1981年以来，在中东、南美、东南亚和非洲承包工程项目，为中国疏浚行业赢得良好信誉。

公司承建的多项工程获得质量大奖，其中，参与研究的"长江口深水航道治理工程成套技术"获国家科技进步奖一等奖和交通运输部科技进步奖特等奖；"长江口深水航道治理一期工程"获詹天佑土木工程大奖、国家优秀工程设计金奖和工程建设金奖；"长江口深水航道治理二期工程"获国家质量金奖；"洋山深水港一期工程"获国家质量银奖；"上海外高桥港区二期工程"获得国家工程建设银质奖；"护底软体排铺设工艺与设备研究"获上海市科技进步一等奖。

唐山港京唐港区 36♯ 至 40♯ 煤炭泊位工程气承式膜结构条形仓工程

李雄彦[1]　薛素铎[1]　周茂亦[2]　朱立立[2]　叶峰灵[3]

(1. 中国钢结构协会空间结构分会/北京工业大学；
2. 中成空间（深圳）智能技术有限公司；3. 浙江锦达膜材科技有限公司)

1　项目概况

唐山港京唐港区位于河北省唐山市东南 80km 的唐山海港开发区，京唐港区 36♯ 至 40♯ 煤炭泊位工程堆场东侧建设条形仓 1 座，气承式膜结构条形仓位于唐山港京唐港区四港池北岸，在唐山港京唐港区 36♯ 至 40♯ 煤炭泊位工程堆场 6♯ 轨道梁两侧。

唐山港京唐港区36#至40#煤炭泊位示意图

气承式膜结构条形仓长约 1130m，跨度约 130m，投影面积约 146900m²，目前是已建成的世界上单体面积最大的气承式膜结构。气承式膜结构基础和挡墙采用钢筋混凝土结构，挡墙高度地面以上约 2.7m（墙顶标高 +7.0m，挡墙所在场地平均标高约 +

4.3m 左右）。挡墙基础结构形式采用对生产影响较小的桩基础。

项目采用气承式膜结构，其包含膜系统、索系统、通道门系统、送风加压系统、智能控制系统、排气换气系统、电气系统、消防系统、视频监控系统、防雷接地系统及土建工程等。项目 EPC 承建单位为中成空间（深圳）智能技术有限公司，技术支持由北京工业大学提供，膜材由浙江锦达膜材科技有限公司生产。

2 主要材料技术内容及技术指标

2.1 PVDF 膜材

考虑本项目地域环境特性以及存储物料特殊性，本项目膜材采用高耐候性、抗腐蚀性强、防霉变、自洁性高、抗老化性能好的特制 PVC 类膜材，达到 B1 级防火要求。

每一批次的膜材料在使用之前，均需要经过拉力试验、抗老化检测、透光性检查、焊缝强度检测等质量检验，经过检验合格的膜材才能进入加工车间。为确保加工质量及精度，膜材裁剪及加工焊接全程采用自动数控裁剪及热合进行，膜材的加工搭接宽度 80mm，焊接处的拉伸强度不能低于母材强度的 80%。

膜材质保年限为 15 年，设计使用寿命 25 年以上。

根据气膜结构计算受力分析，本项目选用膜材技术指标如下：

（1）工作温度：−40～70℃

（2）厚度：1.08mm±0.07mm

（3）质量：（1350±50）g/m²

（4）强度：拉伸强度（经向/纬向）9000/8500N/5cm（检测标准 GB/T 3923.1—2013《绘织品　织物拉伸性能　第 1 部分：断裂强力和断裂伸长率的测定（条样法）》）

（5）涂层材料：PVDF 表处

（6）透光率：膜材透光率达到 5% 以上

（7）防火要求：膜材满足 GB 8624—2012《建筑材料及制品燃烧性能分级》燃烧性能 B1 级防火要求，符合国家消防标准。

2.2 索网

根据气膜结构计算受力分析，并结合当地气象资料，考虑风荷载因素，本项目采用无连接件的整体成型斜向交叉无脊索放射状索网技术，能有效避免金属连接件对膜材的磨损，使钢索网系统与膜材表面充分贴合，形成整体受力，提升气膜抵御台风的性能及整体美观度，有利于延长气膜使用寿命。

（1）气膜钢索网系统通过设置在膜表面索网，为膜面提供分区约束，降低膜面应力，提升结构的承载能力，在特殊外部环境作用下，使气膜内部压力更高以提高整体刚度，减少摆动幅度，降低膜材撕裂的风险。

（2）气膜在强风作用下，气膜钢索网系统通过风洞数值模拟以及实际的缩模的风洞试验，气膜顶部呈负压（风吸）状态，结构会受到一个巨大向上的提拔力，通过钢索网系统与下部结构的力传递抵消巨大的向上提拔力，保护气膜结构安全。

钢索采用镀锌钢芯钢丝绳，根据充气膜受力情况，对充气膜采用分区不等径式索网设计，PE 钢索直径分别为 18mm 和 22mm，满足受力的同时节约建造成本，膜索示意如下：

膜索示意图

3 项目难点及创新点

3.1 项目难点

唐山港京唐港区 36♯ 至 40♯ 煤炭泊位工程堆场东区拟建设条形仓 1 座，所处环境为高湿度、高腐蚀环境，主要难点归纳如下：

（1）较大级数阵风频发，常有 7～8 级以上大风天气，且渤海湾沿岸是我国风暴潮多发地区之一，平均每 4 年左右一次。

（2）项目跨度为 130m、长度约 1130m，属于超大跨度、超大单体气承式膜结构，膜结构的整体受力安全经济性、位移变形控制、抗外力形变方法、索膜协同找型及协同受力、膜索成型匹配度是本项目设计的核心难点。

（3）超大单体气膜空间环境监测、可视化作业监控体系、消防系统设计、压力快速调节及稳压系统设计等方面有挑战性。

（4）京唐港地处盐碱荒滩，容易受盐雾腐蚀，且湿度大，材料、设备易受潮、腐蚀，高湿度高腐蚀环境下材料及设备的防潮、防腐是技术难点。

（5）项目为超大单体气承式膜结构，内部储煤量较大，当煤堆长时间堆存后，煤堆内部温度升高，当达到煤的燃点后，煤堆开始自燃，由内部往外扩散蔓延，同时会产生大量的浓烟，如不及时将浓烟排出室外，易产生安全事故，内部煤炭物料的堆存状态是监测和管理是难点。

3.2　创新点

结合项目概况以及针对本项目的难点开展的创新点如下：

（1）索膜协同优化设计及精准找型

本项目经过索膜协同优化设计，膜面形状满足力学平衡和设计的外形要求，通过不同设计工作气压状态下的找型分析、膜面应力状态下膜面网格布置斜向交叉索网、索膜协同找型分析、找型后的索网调整等多组套索膜模型设计训练，再针对不同的膜面和索网模型对比，找出最优的膜面和索网模型，确保了本项目成型之后能保证膜面形状和索网贴合，膜面无明显褶皱现象，索网均呈现绷紧状态，保证所建项目能够充分发挥膜面和索网的结构性能，确保充气膜成型、变形、位移及结构安全受控，且成型效果更加美观。

（2）放射式分区不等径式斜向交叉索网技术

本项目根据结构受力计算，对气膜进行合理分区，采用不等放射式分区不等径式斜向交叉索网技术，脊索采用放射式索网，通过受力梯级区域划分分区配置有不同索径、不同密集程度的索，既提高了索网力的整体协同能力，又减少了索网所需的材料成本和自身质量，使气膜结构整体的稳定性和安全性得到提高。

（3）超大单体超大空间气膜抗外力形变技术

超大单体超大空间气膜抗外界干扰能力也越来越复杂，在暴风或者台风天气，外力作用于气膜膜面后，如果不能及时调整气膜内压力，气膜将产生非常大的形变，这大大增加了气膜被撕裂的风险。同时由于大风的间断性，会反复对气膜施加外力，这会导致风机的频繁启动和停止，最重要的是会造成气膜内的压力时而很大、时而又很小的情况。本项目送风加压系统通过提前感应和预调节的方法，采用多种的模糊控制方案，对系统进行快速精准调节，使系统快速达到稳定状态，即系统根据不同工况环境通过智能调节不同模组风机的工作模式实现压力自动调节维持气膜结构形态，再者，可以快速实现压力补偿以及缩短补偿的滞后性，从而提高了调压的可靠性、灵活性和安全性。

（4）高稳定多方位的空间环境监测技术

超大单体超大空间内部堆存料较多，作业人员、机械较多，工况复杂，整个仓体内部的安全监测尤为关键，传统的安全监测系统多采用在气膜下部结构安装传感检测或者视频监控的形式，但不足以覆盖整个空间。本项目采用高稳定的空间环境监测技术，该技术重点解决了多方位、全覆盖、无死角、线路防水、防火以及监测设备在气膜顶部集成稳定性的技术难题，即将传感检测系统、视频监控系统与充气膜顶部区域进行一体式集成应用，实现对超大空间环境监测的全覆盖，确保气膜空间环境及作业安全受控。

（5）超限以及超大单体充气膜特殊性消防设计

本项目气膜仓总体高度为 55m，平面为 1130m×130m，一个防火分区若发生火灾，其蓄烟空间较大。气膜为了维持内部压力，按照现行规范无法设置自然排烟窗，不具备设置自然排烟的条件。再者，气膜仓高度过大，如设计机械排烟系统，需分段设计，考虑到仓体结构以及排烟管道的设置，设置机械排烟系统较为困难。综上技术难点，中成空间（深圳）智能技术有限公司联合相关单位开展技术攻关，综合考虑气膜空间特点、人员特点以及煤炭着火后产烟特点，利用室内高大净空作为蓄烟空间，利用条形仓内的通风系统作为灾后的排烟系统，利用自身设置的通风系统，火灾时用作应急排烟，可以满足火灾后烟气排出要求。为提高排烟效率，本项目在气膜顶部增设排烟系统，排烟系统集成设置于气膜顶部，该设计方案通过了河北省住房和城乡建设厅组织的联合专家组的设计评审及消防验收，也是国内第一个采用特殊性消防设计评审、施工、验收的充气膜示范项目。

（6）高湿度高腐蚀环境下设备防护技术

本项目地处渤海湾沿岸，临海地区空气湿度大、腐蚀性强对各种设备容易产生腐。本项目充气膜系统的送风加压设备、通道门设备、供配电及控制设备、降尘设备、传感监测设备等易腐蚀，均采用了特殊的防腐和气密性处理，确保各个设备系统正常运行且延长使用寿命。

4 充气膜结构应用范围

（1）文化设施：展览中心、剧场、会议厅、博物馆、植物园、水族馆、商旅文化设施等。

（2）体育设施：体育馆、健身中心、游泳馆、网球馆、篮球馆、冰雪场馆、儿童乐园等。

（3）商业设施：低碳园区、会展中心、购物中心、酒店、餐厅等。

（4）交通设施：机场、火车站、交通码头、天桥连廊、隧道工程等。

（5）工业设施：工业散货堆场、工业厂房、设备设施仓库、科研中心、新型储能、航空航天领域等。

（6）医疗：装配式医院、医疗实验室。

（7）农业：高端植被培植、粮仓等。

（8）冷链物流：低温冷库、保鲜库等。

工程现场见图 1。

图 1　工程现场

链接 1

　　锦达集团创建于 1981 年，40 多年来致力于纺织材料的生产和创新，是一家集研发、生产、销售于一体的国家火炬计划重点高新技术企业。2005 年，浙江锦达膜材科技有限公司正式成立，是中国产业用涂层织物行业龙头企业之一。公司拥有多个大型生产车间，拥有 200 台进口配套织机（德国 Donier，比利时 Picanol，瑞士 Sulzer），拥有四条进口涂层生产线（意大利 Matex）。基布年产能 8000 万 m²，为刀刮涂层产品提供了重要的品质保障。刀刮布年产能 6000 万 m²，采用刀刮涂层的经典工艺，为生产优质、高附加值的产品提供了保障。锦达产品应用于膜结构材料、篷房材料、软体车厢、充气材料、卡车材料、矿产能源、环保和海洋等领域。各系列产品具有防霉抗菌、阻燃、环保、强度高、耐老化等特点，指标达到国际先进标准。"锦达"商标被认定为浙江省知名商标；先后获得了国家"守合同重信用"企业、国家高新技术企业、浙江省创新型示范企业、浙江省出口名牌企业等诸多荣誉。

链接 2

　　中成空间（深圳）智能技术有限公司成立于 2001 年，是致力于为全球用户提供智能环保气膜、高端气膜衍生产品及一体化配套解决方案等多产业链融合的国家高新技术、国家级专精特新"重点小巨人"企业。公司聚焦"1＋N"产业布局，业务涵盖工业及民用气膜系列产品、特殊功能产品、应急救援产品、新能源光伏气膜、气体储能及多维空间气膜产品等领域，产品已先后出口多个"一带一路"沿线国家。目前，公司研发人员占比 30%，博士后、博士、硕士人员占比 22%，专利技术 300 余项，成立了博士后创新实践基地、广东省新能源光伏气膜技术研究中心，携手 10 余高校、科研院所开展产学研合作，攻克和填补了多项产业链上下游的关键核心技术，实现多维空间的应用及多端口数据融合，致力于推进人类在生态环境、生活空间、新能源、新材料、科研探索等领域新质发展。

柳州广雅大桥钢桥面加劲浇注式
沥青混合料铺装应用工程

王 民 吕 惠 张 华 肖 丽

（招商智翔道路科技（重庆）有限公司）

1 钢桥面铺装设计与施工要求

1.1 工程概况

柳州广雅大桥，坐落于广西壮族自治区柳州市，横跨柳江，连接城中区和柳南区，是柳州市重要的交通基础设施。大桥全长1410m，其中主桥长546m，宽30m，设机动车双向6车道。广雅大桥的建设不仅提高了两岸区域的交通效率，促进了经济发展和城市化进程，也成了一个重要的交通枢纽，增强了城市的综合竞争力。

2013年9月广雅大桥钢桥面铺装施工时，为了进一步提高桥面的抗裂性和承载能力，开展了玻纤网加劲浇注式沥青混合料的研究和应用，该项工程铺装面积约1.6万 m^2。

1.2 钢桥面加劲浇注式沥青铺装设计

在玻纤网加劲试验段，采用甲基丙烯酸树脂防水粘结层（MMA）＋35mm加劲浇注式沥青混合料＋35mm高弹改性沥青SMA10的铺装结构。

1.3 施工要求

钢桥面铺装工程施工严格遵循《公路钢桥面铺装设计与施工技术规范》（JTG/T3364-02—2019），这是一项重要的行业标准，旨在确保所有工程项目的质量和安全性。规范对浇注式沥青混合料施工提出了具体要求，包括混合料的配比、施工温度、铺设工艺等，以确保沥青层的稳定性和耐久性。浇注式沥青混合料施工需要精确控制沥青的铺设厚度和压实度，以及与其他结构层的黏结性能，从而保证整个桥面的平整度和抗滑性。

2 钢桥面加劲浇注式沥青混合料铺装材料与工艺

2.1 浇注式沥青混合料

浇注式沥青混合料与一般沥青混合料相比，具有矿粉含量高、沥青含量高、拌和温度高等"三高"特点，较高含量的沥青及矿粉组成的沥青胶泥使粗、细骨料处于悬浮状态，形成悬浮密实结构。这种结构具有优良的防水性能、抗老化性能、抗疲劳性能以及对钢桥面板优良的随从性。同时，与其他的沥青混合料相比，浇注式沥青混合料的特点是高温状态下进行搅拌，混合料摊铺时流动性大，混合料无须碾压，依靠自身的流动密实成型，用简单的摊铺整平机具即可完成施工，并能达到规定的密实度和平整度。

2.2 玻璃纤维网

玻璃纤维网是一种以玻璃纤维为主要原料制成的网格状材料，通常用作增强复合材料，用于建筑工程、过滤、隔离和其他应用。玻璃纤维是由一系列细小的玻璃纤维丝组成，这些纤维丝相互交错编织或黏合在一起，形成有一定强度和弹性的网状结构。玻璃纤维具有很高的抗拉强度和耐高温性能，能够在高温环境下保持性能稳定；对大多数化学物质都具有良好的抗腐蚀能力，并且与其他材料相比，玻璃纤维网质轻且硬度较高，便于安装和运输。因此，玻璃纤维网作为浇注式沥青中的加劲材料，能够显著提高路面的抗裂性能和耐久性，同时与沥青有良好的黏结性，具有优异的化学稳定性和施工便利性。

2.3 施工工艺流程和操作要点

2.3.1 施工工艺流程

摊铺浇注式沥青混合料→铺设玻纤网→人工用滚筒将玻纤网碾压第一遍→撒布碎石→滚筒碾压第二遍。

2.3.2 操作要点

为避免出现玻纤网与浇注式沥青混合料结合不牢固的情况，在规范要求的基础上，撒布碎石前用滚筒先碾压一遍，撒布碎石后再用滚筒碾压第二遍，确保玻纤网与浇注式沥青混合料结合牢固。

3 工程特点、难点和创新点

3.1 工程特点

（1）抗裂性能：玻纤网能够有效地分散和承受由于温度变化和交通荷载引起的应

力，减少裂缝的产生和扩展。

（2）抗车辙性能：玻璃纤维的高强度和高模量能够增强沥青混合料的抗变形能力，从而提高路面的抗车辙性能。

（3）耐久性：玻纤网的加入提高了沥青混合料的整体强度和稳定性，延长了路面的使用寿命。

3.2 工程难点

（1）施工工艺：玻纤网的铺设需要精确和均匀，以确保加强效果。沥青混合料的浇注和压实也必须按照正确的程序进行，以保证路面质量。

（2）结合部处理：玻纤网与原有路面的结合部是薄弱环节，需要特殊处理以确保整体的稳定性。

3.3 创新点

通过将玻璃纤维网与传统的沥青混合料结合，创造了一种新的复合材料，这种材料结合了沥青的柔韧性和玻璃纤维的高强度，提高了路面的整体性能。玻纤网作为一种加强层，改变了传统沥青路面的应力分布，提高了路面抵抗裂缝和车辙的能力，这些性能的提升是传统沥青混凝土所不具备的，工程现场见图1～图7。

图 1　广雅大桥

图2　加劲网铺设

图3　第一遍碾压

图4　第一遍碾压后的状况

图5　撒布碎石

图6　多轮组碎石碾压机施工

图7　施工完毕

链接

　　招商智翔道路科技（重庆）有限公司是招商局重庆交通科研设计院有限公司全资的专业化道路工程技术公司，属于招商局集团旗下的三级企业。该公司主要从事道路工程的科研、设计、工程施工、试验检测、技术开发和咨询服务。在钢桥面、长大隧道路面、试车场路面、彩色路面等特殊技术和功能要求的路面铺装及预防性养护技术方面具有较强的科研开发、材料生产与施工管理能力。

　　公司拥有国家市政公用工程施工总承包、公路工程施工总承包、公路路面工程专业承包、市政设施维护和科技咨询机构等综合资质。公司拥有多个国家级及省部级科研平台，科研实力雄厚，是国内领先的集钢桥面铺装工程中集科研设计、材料加工、施工成套技术为特色的高新技术企业。

府东新区·雅园车库顶板零坡度排水系统项目

张　婵　苏冬冬

（上海东方雨虹防水工程有限公司）

1　工程概况

该项目地处河北省廊坊市大城县，项目性质为住宅工程，车库顶板面积为 $10410m^2$，排水板设计面积为 $9229.96m^2$。东方雨虹公司（以下简称公司）对车库顶板原方案做法进行构造优化，打造车库顶板防排系统，从而提升工程防水质量，提高工期，采用零坡度有组织排水系统，加速雨水入渗，降低地表径流，涵养地下室位。从而减少城市及小区积水严重的问题，创造排水流畅、绿色宜居的小区。

车库顶板防排系统优势非常明显，其做法能够省去找坡层、找平层、防水保护层，较传统构造做法至少节约 1/2 工期，同时车库顶板的雨水可以有效排出，提高防水质量可靠度。

2　编制依据

（1）《地下工程防水技术规范》　　　　　　　　　　GB 50108—2008
（2）《地下防水工程质量验收规程》　　　　　　　　GB 50208—2011
（3）《种植屋面工程技术规程》　　　　　　　　　　JGJ 155—2013
（4）《种植屋面用耐根穿刺防水卷材》　　　　　　　GB/T 35468—2017
（5）《弹性体改性沥青防水卷材》　　　　　　　　　GB 18242—2008
（6）《非固化橡胶沥青防水涂料》　　　　　　　　　JC/T 2428—2012
（7）《建筑工程施工质量统一验收标准》　　　　　　GB 50300—2013
（8）《建筑与小区雨水利用工程技术规范》　　　　　GB 50400—2016
（9）《建筑给水排水设计标准》　　　　　　　　　　GB 50015—2019
（10）《室外排水设计标准》　　　　　　　　　　　 GB 50014—2021
（11）《给水排水管道工程施工及验收规范》　　　　 GB 50268—2008
（12）《非固化橡胶沥青防水涂料施工技术规程》　　 DB11/T 1508—2017
（13）《高分子防水材料 第1部分：片材》　　　　　 GB 18173.1—2012

（14）《土工合成材料 短纤针刺非织造土工布》　　GB/T 17638—2017

（15）《地下建筑防水构造》　　　　　　　　　　　10J301

防水系统设计遵循以防为主、防排结合、刚柔相济、注重材料、完善系统的原则。

3　方案设计

3.1　优化后顶板构造层次

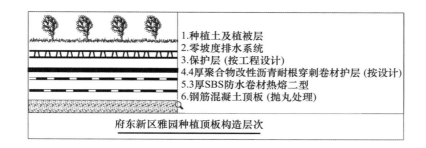

1.种植土及植被层
2.零坡度排水系统
3.保护层（按工程设计）
4.4厚聚合物改性沥青耐根穿刺卷材护层（按设计）
5.3厚SBS防水卷材热熔二型
6.钢筋混凝土顶板（抛丸处理）

府东新区雅园种植顶板构造层次

3.2　施工方案图纸

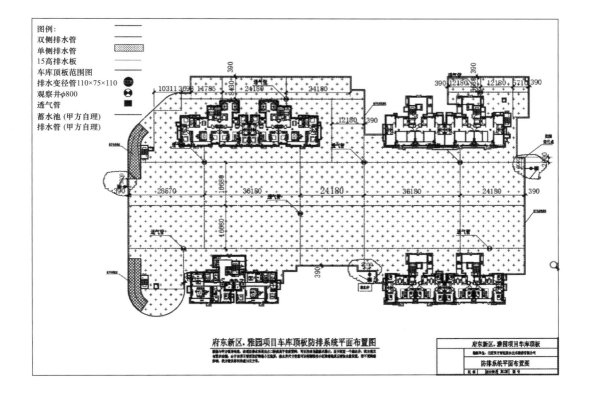

府东新区·雅园项目车库顶板防排系统平面布置图

根据平面图设计，排水槽将顶板分为若干小区域，分别在小区南侧、东西两侧布置三个排水口，分别接入观察井，在排至雨水管网。根据与甲方沟通，该项目排水系统出水口标高高于市政管网，可以形成自然流水排出，蓄水池则布置在南侧，由于该项目需要进行海绵小区验算，蓄水池尺寸容量根据现有小区海绵验算后需水量设置，为体积容量 $15m^3$。

3.3 主要排水施工材料

序号	材料名称	用途	备注
1	复合排水板	防护加过滤排水	
2	250g 国标土工布	泥沙过滤	
3	虹吸排水槽	导流排水	
4	双面自粘胶带	连接处理	
5	土工布	泥沙过滤	
6	透气观察管	透气观察	
7	透气帽	透气	
8	沉淀观察井	排水检查	
9	虹吸排水管	虹吸排水	

3.4 系统施工设备列表

序号	设备名称	用途	备注
1	灭火器	现场消防	
2	小平铲	清理基层	
3	扫帚	清理基层	
4	水桶、刮板、电动搅拌器	土工布搭接缝缝接	
5	壁纸刀、剪刀	裁剪卷材	
6	皮卷尺、钢卷尺	度量	
7	塑料扎带	固定观察聚酯土工布	
8	热风枪	温度低时加热	
9	手套	劳动保护	
10	安全帽	劳动保护	
11	安全带	劳动保护	
12	劳保鞋	劳动保护	
13	安全防护服装	短距离内运输材料	
14	材料及施工保护	安全保护	

4 排水系统材料简介

4.1 排水板产品简介

东方雨虹排水板均采用 HDPE 原生料制成，其外表呈乳白色，截面呈一定程度的半透明状，硬度、拉伸强度和蠕变性等物理性能均优于市面上其他低密度聚乙烯排水板。

产品特点：（1）HDPE 排水板与土工布过滤层采用胶粘，复合一体，剥离强度高，应对回填土的承压更加均匀。（2）聚丙烯短丝丙纶无纺布为 250g/m²，采用抗紫外线抗老化材质，同时具有很好的耐酸、耐碱性能，更加符合在回填土中使用。（3）HDPE 全新料耐高温、耐低温、耐腐蚀，使用寿命长。（4）板布合一，施工工序简单，质量把控度高。（5）具有国家建筑工程质量监督检验中心检验报告，完全符合国家规范检测标准，其中抗压强度可以达到 300kPa 以上。

5 排水施工工艺及施工要点

5.1 排水系统施工准备

5.1.1 排水系统材料准备

（1）主材准备：15mm 高分子防护排水异型片；排水槽。

（2）辅材准备：聚酯无纺布（250g）、双面胶带、虹吸出水管、卡箍、胶水等。

5.1.2 施工机具准备

（1）基层清理：吹灰器、扫帚。

（2）排水板排水槽铺贴：弹线盒、剪刀、壁纸刀、刷子、喷灯、钢压辊、小压辊。

（3）其他准备：清扫基层；保证防水卷材表面干燥、清洁；进场材料的吊装和运输准备；做好防雨、安全、消防防备工作，配备足够的消防器材。

5.2 施工工艺流程

基层清理→弹线→铺设排水槽→铺设复合排水板→安装透气管→安装排水管及观察井→细部处理→检查验收

5.3 操作要点及技术要求

（1）基层清理：施工前对基层进行清扫，必要时用吸尘器或高压吹尘机吹净。

工艺参考图 1

（2）根据车库顶板形状及雨水管网位置确定整体排水方向，按图纸定位规划弹线，确定排水槽的位置、并铺设双面粘卷材。

工艺参考图 2

（3）铺设排水槽：根据弹线位置、排水槽间距按照设计平面图进行布置，将400mm宽双面自粘卷材粘贴于基层上，并将排水槽居中与双面自粘卷材粘接，粘接时应保证排水槽顺直，排水槽之间通过"子母口"连接。

工艺参考图 3

（4）铺设复合排水板：排水板与排水槽粘接时，排水板垂直紧密地铺贴在排水槽边缘，并应压实牢固，保证排水板与双面自粘卷材粘接牢固。排水板与排水板长短边之间通过 200mm 宽双面自粘卷材粘接，确保排水板各粘接 100mm；排水板铺设时不得出现扭曲、起鼓、板与板之间缝隙过大现象。

工艺参考图 4

（5）排水板与排水板之间的拼缝，其长边自带 100mm 宽无纺布，通过涂刷专用高分子胶水涂刷后进行粘接。板与板之间短边拼缝，采用 200mm 宽无纺布覆盖，覆盖前涂刷专用高分子胶水，每幅板与无纺布搭接宽度为 100mm。

（6）排水槽上铺设土工布，土工布与排水板土工布之间的搭接采用专用高分子胶粘接（排水槽上铺设土工布幅宽为 500mm）。

工艺参考图 5

（7）安装透气管：按照深化设图中的位置安装透气观察管。四通连接件开孔、安装透气观察管、安装透气防尘盖，透气管安装完毕后，用无纺布将管根进行包裹，砌 500mm×500mm×500mm 砖基础保护根部，避免回填土时破坏。

工艺参考图 6

（8）安装排水管及观察井：在预留好的 A 型排水槽排水管位置使用热熔器将车库顶板处平管、立管进行连接并使用无纺布将终端管口临时包裹，立管应紧贴于车库侧墙。观察井安装先分层回填夯实，压实系数不小于 0.93。按照设计标高进行放坡开挖至设计标高，浇筑 200mm 厚 C20 混凝土垫层，垫层边缘超出观察井管壁 500mm。安装成品观察井并将土方回填至平管标高位置，回填土应分层采取人工夯实，平管下面应浇筑 100mm 厚沿平管方向 500mm 宽 C15 混凝土垫层。拆除立管终端临时保护无纺布，使用热熔器将平管与立管进行连接并通至观察井。安装完毕后将土方分层回填夯实。

工艺参考图 7

（9）第一层回填土采用倒退回填，严禁直接将车辆开到排水板上，第一步回填土厚度为 800~1000mm，可采用翻斗车与推土机配合，翻斗车将土运到车库边缘，推土机把土送到车库顶并碾压密实。

工艺参考图 8

（10）检查验收：排水槽施工完毕后，排水槽的固定位置确保准确无误，固定坚实可靠无松动。排水板铺贴平整、顺直，不得扭曲、褶皱。排水板和无纺布搭接缝粘接牢固、密封严密，不得出现扭曲、褶皱和翘边，搭接宽度符合要求，排水板端头按节点收头处理；透气管位置安装准确无误，安装牢固可靠，无纺布包裹严实无缝，砌筑保护构造坚固稳定。

链接

　　上海东方雨虹防水工程有限公司是上海东方雨虹防水技术有限责任公司（以下简称上海东方雨虹）于 2003 年成立的全资子公司。上海东方雨虹从原北京东方雨虹上海分公司发展而来，于 2007 年成立，是东方雨虹的控股公司，是国家高新技术企业，是中国建筑防水行业知名品牌企业、连续六年十大领军企业、诚信创建企业、AAA 信用等级企业、上海城市公众满意企业、上海名牌。

　　北京东方雨虹防水技术股份有限公司，股票简称为东方雨虹，股票代码为 002271，拥有国家认定企业技术中心、院士专家工作站、博士后科研工作站，获批建设特种功能防水材料国家重点实验室。公司成立于 1998 年，是一家集防水材料研发、生产、销售、施工、工程设计、技术咨询和服务于一体的亚洲最大防水系统服务商。公司于 2008 年在深交所成功上市，是国内建筑防水行业第一家上市企业，同时也是国家高新技术企业。通过了 ISO 9001 质量管理体系认证、ISO 14001 环境管理体系认证和 ISO 45001 职业健康安全管理体系认证，中国建材产品质量认证、中国建材产品环保认证、中国环境产品标志认证、CRCC 铁路产品认证等。目前"雨虹"品牌已成为中国建筑防水材料行业证知名品牌，并为广大消费者所熟悉和认可。

成达万铁路隧道建设项目

向　锋　镇　垒　熊国龙

（天鼎丰控股有限公司）

1　项目概况

成达万高速铁路起自成都天府站，利用成自铁路至资阳西站后，新建铁路经四川省资阳市、遂宁市、南充市、达州市至重庆市开州区、万州区，接入万州北站，是全国"八纵八横"高速铁路网中"沿江通道"的重要组成部分、四川东向出川的重要快速便捷大通道。线路全长 486.4km（其中新建 432.4km），共设 13 座车站，设计时速 350km/h。项目总投资 851 亿元，建设工期 5 年。

2022 年，因线路贯穿隧道点较多，项目承建方及承接设计院中铁工程设计咨询集团有限公司寻找隧道用土工产品，最终采用天鼎丰聚丙烯长丝针刺土工布（400g/m²），使用面积为 300 万 m²。该工程地点在四川成都、达州、万州，项目施工时间 2023 年 3 月，承建单位是中铁十一局、大桥局。

2　设计方案

（1）隧道结构外侧铺设全包防水层，防水层由单面反式 EVA 防水板和聚丙烯长丝土工布缓冲层组成，通过反式 EVA 防水板与现浇混凝的密贴，实现无死角的防水封闭，也即运营期间不允许渗水，结构表面无湿渍。

（2）隧道拱部及顶板采用后铺正粘法，先涂刷 2.5mm 厚的单组份聚氨酯防水涂料后，再铺设反式 EVA 防水板和聚丙烯长丝土工布，并在土工布外侧设置细石混凝土保护层。

（3）防水板主材厚度为 1.5mm，胶及防粘涂膜层厚度不小于 0.3mm，聚丙烯长丝土工布单位质量不小于 400g/m²。

3　隧道用土工布铺设注意事项：

（1）隧道用土工布尽量采用单位质量为 400g/m²，用专用热熔衬垫及射钉将聚丙烯长丝土工布固定在基面上，固定点之间呈正梅花形布设，底板或仰拱固定间距为 1～1.5m，侧墙固定间距为 0.8～1.0m，底板或仰拱与侧墙连接部位的固定间距应适当加密至 50cm。在基面凹处应加设圆垫片，避免凹处防水板吊空，钉子不得超出圆垫片平面，以免刺穿防水层。

（2）聚丙烯长丝土工布之间采用搭接法进行连接，搭接宽度不小于 5cm，搭接部位可采用点粘法进行焊接。土工布铺设时应尽量与基面密贴，不得拉得过紧或起鼓，以免影响防水板的铺设。

4 土工布在隧道中的应用

4.1 土工布在隧道工程中的作用

（1）保护防水板不被洞壁尖石所刺破。

因为洞体挖成后，要用水泥大致找平，还会有许多尖锐的石块，所以用土工布铺垫在洞壁上，起到保护之后要铺设的防水板，防止尖锐的石块刺穿防水板，使之发生渗漏。

（2）隔离、排水、过滤的作用。

土工布在洞壁与防水板之间，山体中的水会在洞壁上渗出，就会沿着土工布方向（也就是沿着防水板的方向）向下流淌。

（3）加强作用。

土工布处于水泥喷涂层与防水板之间，除了保护防水板不被洞壁尖石刺破外，也加强了水泥喷涂层的力学性能，提高了水泥层与洞壁之间的整体附着力，防止水泥的脱落与崩溃。另外，也起到支撑、填充的作用。

（4）抗淤堵作用。

高强粗旦聚丙烯长丝纤维细度最高可达 14 旦，拥有更强的抗淤堵性能。

4.2 土工布在隧道中的应用部位

隧道所采用的土工布，推荐使用 400g/m² 产品。天鼎丰 400g/m² 聚丙烯长丝产品与聚酯 400g/m² 土工布性能参数对比见表 1，各项指标均高于聚酯产品。

表 1　天鼎丰 400g/m² 聚丙烯长丝产品与聚酯 400g/m² 土工布性能参数对比

产品	聚酯土工布 400g/m²	天鼎丰聚丙烯土工布 400g/m²
厚度（mm）	2.8	3.32
断裂强力（kN/m）≥	20	30.1
延伸率（%）	40～80	50～120
CBR 顶破强力（kN）≥	3.9	5.58

续表

产品	聚酯土工布 400g/m²	天鼎丰聚丙烯土工布 400g/m²
撕破强力（kN）≥	0.56	0.9
等效孔径（mm）	0.08	0.17
垂直渗透系数（cm/s）	$1.7*10^{-1}$	$2.8*10^{-1}$

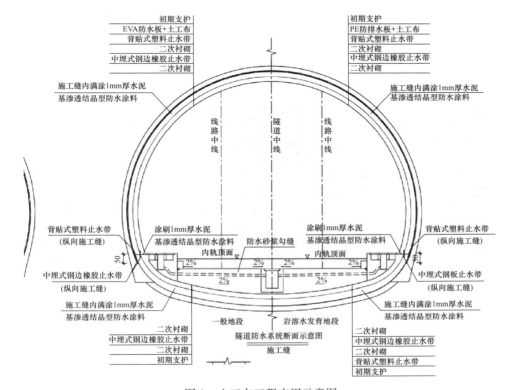

图 1　土工布工程应用示意图

4.3　天鼎丰聚丙烯长丝土工布的性能优势

（1）密度 0.91g/m³；熔点 165℃，有较好的耐热性能，长期使用温度可以超过 100℃；由于分子结构上没有亲水集团，不吸水，干强和湿强相同。

（2）聚丙烯的耐酸耐碱性能良好，无论常温或较高温（70℃、100℃）条件下，其耐碱及各种盐类的性能尤为突出，室温几乎耐所有的无机酸和有机酸，在 70℃ 的条件下耐 10% 盐酸、40% 硝酸及 30% 硫酸的性能良好。

（3）聚丙烯抗冻融性能好。长期在新疆、西藏等高寒、冻融土壤环境下使用具有较高的稳定性。

（4）安全系数高。聚丙烯土工布通过增加阻燃剂，相较于聚酯产品不会产生静电，不易燃，对于隧道这种半封闭环境安全系数远高于聚酯土工布。

5 土工布安全性问题的探讨

现在我国的隧道普遍使用聚酯（PET）土工布，甚至是再生料的短纤维针刺土工布，开始的时候对防水板有保护作用，但长期使用后，聚酯土工布在水泥碱性的作用下，会发生水解，逐渐会消失，特别是再生料聚酯土工布，水解时间更短，会使隧道的各层结构产生 4mm 左右的缝隙。由于没有了支撑，会使水泥喷涂层脱落，从而堵塞排水系统。同时没有了土工布隔离涵洞的岩石（水泥喷涂层）与防水板，将导致坚硬的岩石（水泥喷涂层）直接与防水板接触，有破坏防水板、发生渗漏的可能，工程现场见图 2。

图 2 土工布应用工程现场

链接

天鼎丰控股有限公司（以下简称天鼎丰）成立于 2011 年，公司总部位于安徽滁州，是一家致力于各类高技术非织造布材料研发和生产的大型企业。经过多年快速发展，天鼎丰现已成为中国非织造布行业 10 强企业的聚酯胎基布供应商。主营业务涉及防水卷材聚酯胎基布、玻纤增强型胎基布、高强粗旦聚丙烯土工布和高性能非织造土工合成材料等多个领域。公司坚持为客户提供个性化产品和专业解决方案，是众多大型防水企业以及大型机场、水利工程、铁路、高速公路等工程的材料供应商。

G220 浠水县土桥至芦河美丽公路建设项目

向 锋 镇 垒 朱春虎

（天鼎丰控股有限公司）

1 工程概况

2022 年，湖北省浠水县全面提升城市品位，黄黄高铁浠水南站开通运营；谋划推进"铁水公空"项目 131 个，G220 丁司垱段、S201 浠散线、S343 丁标线等国省干线全线贯通。其中 G220 浠水县土桥至芦河美丽公路建设项目工程，起于土桥与罗田分界处，止于芦河，项目全长 34.832km。立项批准文号为浠发改审批【2022】308 号文。建设内容包括路基、路面、交安、路域环境整治等，总投资 1.14 亿元，建设工期为 10 个月。旨在打通融入主城崛起、共建武鄂黄黄综合枢纽"大动脉"，为产业园区提供公用码头服务。

随着建筑、道路及交通等行业的不断发展，对防裂材料的需求也在不断增加。聚丙烯防裂基布作为一种新型的土工合成材料，通过其高强度、高模量、嵌锁作用、应力分散、防水防渗以及施工便捷和适应性强等特点，本次工程设计采用了聚丙烯长丝防裂基布这一新型材料。

本项目的建设单位是湖北迅达路桥建设集团有限公司，施工单位是浠水畅洁公路养护有限公司。项目于 2022 年 6 月启动，2022 年 9 月进入聚丙烯长丝防裂基布施工阶段，防裂基布工程段位于浠水县大桥至快岭小学路段区间，防裂基布总工程量约 15.5 万 m^2。

2 工程设计方案

G220 浠水县土桥至芦河美丽公路建设项目工程 K1177＋945－K1190＋964（13.019km）工程段，2014 年大修，主要病害为破板、断裂、板角断裂。该路段病害较多，路基状况总体较好。局部病害采用局部补板、换板、注浆灌缝等方式处理，恢复至原路标高后加铺聚丙烯长丝防裂基布应力吸收层＋6cm 厚 AC 20C 中粒式 SBS 改性沥青混凝土＋4cm 厚 AC13 细粒式 SBS 改性沥青混凝土。

具体方案如下：将路面完全清理干净后，施工 PCR 改性乳化沥青粘层，用量

$0.3kg/m^2$，待乳化沥青破乳、水分蒸发完全后，再铺设聚丙烯长丝防裂基布＋6cm 厚 AC 20C 中粒式 SBS 改性沥青混凝土＋4cm 厚 AC13 细粒式 SBS 改性沥青混凝土。

3 防裂基布产品性能

防裂基布采用聚丙烯连续长丝非织造土工布，根据《公路沥青路面土工织物应力吸收层应用技术规程》，其技术指标应满足下表要求，并应采用单面烧毛，土工布所选用的材质、产品规格、尺寸偏差以及其他技术指标应满足《公路工程土工合成材料长丝防粘针刺非织造土工布》（JT/T 519—2004）及《土工合成材料应用技术规范》（JTG/TD32—2012）中的相关要求。其设计过程要考虑到使用要求、交通量、路面状况以及气候条件等因素，不仅要达到路面的规范要求，同时还要保证混合料具有较好的稳定性、均匀性等工艺要求。

技术指标名称	单位	技术要求
原料属性	100%	
单位面积质量	g/m^2	120—160
纵横向抗拉强度	kN/m	≥9.0
纵横向抗拉延伸率	%	70—100%
CBR 顶破强力	N	≥1650
垂直渗透系数	cm/s	≥0.2
刺破强度	kN	≥250
纵横向撕裂强力	N	≥380
纯沥青吸附量（参考）	kg/m^2	≥1.2

3.1 防裂基布材质与工艺

聚丙烯长丝防裂基布采用聚丙烯纤维作为主要原料，经过特殊工艺制作而成。由 100%优质聚丙烯切片直接纺丝铺网，再经针刺、铺网等工艺制成的连续长丝针刺非织造布，单丝纤度能够达到 14DTEX 以上，强度可以达到 3.5G/D 以上，是最为理想的路面应力吸收材料。

聚丙烯纤维具有较高的强度、良好的耐酸性和耐腐蚀性，能够有效抵抗车辆荷载、温度变化等外界因素对道路基层的影响。此外，其独特的制作工艺使基布具有良好的柔韧性和延展性，能够更好地适应基层的变形和位移。

3.2 防裂基布优势

在道路使用过程中，基层会受到各种化学物质的侵蚀，如雨水中的酸性物质、油污等。聚丙烯长丝防裂基布具有良好的化学稳定性，能够在酸碱环境下保持稳定的性能，不易被化学物质侵蚀。实验数据表明，聚丙烯防裂基布在 pH 为 2～13 的范围内均能保持较好的稳定性，为基层提供长期的保护。聚丙烯长丝防裂基布同时还具有强力高、延伸率大、耐候性、耐热冲击效应等优势，在公路大中修以及新建公路工程防裂，与热沥青粘层形成防水防裂层，有效减少半刚性基层反射裂缝的产生与发展。

3.3 防裂基布应用效果

本项目自 2022 年施工完毕通车后，经过近两年的跟踪回访和用户反馈总结。聚丙烯长丝防裂基布在此项工程中表现出了显著的效果，能够有效地防止基层裂缝的产生和扩展，提高了基层结构的稳定性，延长了道路的使用寿命，起到了隔离阻断、加筋、防渗、消能缓冲等作用。

4 工程应用评价与展望

综上所述，聚丙烯长丝防裂基布适用于裂缝较多、腐蚀严重的路段以及需要提高层间结合力的场合。通过其高强度、高模量、嵌锁作用、应力分散、防水防渗以及施工便捷和适应性等特点，有效地增强和加固了道路基层结构，提高了道路的整体性能和稳定性。通过以上措施的实施，聚丙烯长丝防裂基布能够充分发挥其作用，提高基层结构的稳定性，为道路的安全、持久使用提供有力保障。

随着道路养护技术的不断发展，聚丙烯长丝防裂基布材料的应用范围将进一步扩大。未来，应继续深入研究这该材料的性能特点和应用技术，优化施工工艺和质量控制方法，提高道路养护工程的质量和效率。同时，还应关注环保和资源再利用问题，推动道路养护工程的绿色发展，工程流程及现场见图 1—图 7。

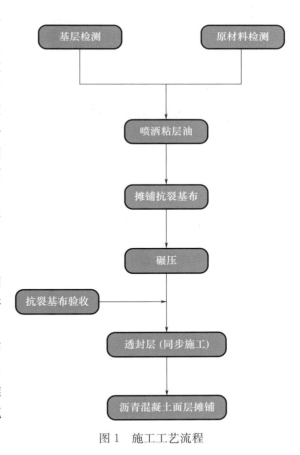

图 1 施工工艺流程

图 2　喷洒乳化沥青透层

图 3　喷洒热沥青粘层

图 4　铺设聚丙烯长丝防裂基布

图 5　胶轮机械碾压

图 6　褶皱、重叠处裁剪修整

图 7　沥青混凝土面层摊铺

南水北调济南市东湖水库扩容增效工程

刘好武[1] 崔占明[1] 邢瑞[1] 李爱国[2]

（1. 宏祥新材料股份有限公司；2. 德州宏瑞土工材料有限公司）

1 工程概况

东湖水库是南水北调东线一期工程胶东输水干线的重要调蓄工程，位于济南市历城区、章丘交界处。水库占地 8073.56 亩（538.24ha），库容 5377 万 m^3，向干线滨州、淄博市供水；为开挖土料筑坝的平原水库，围坝采用复合土工膜防渗，坝基采用混凝土防渗墙。工程于 2010 年 6 月开工建设，2013 年 6 月通过完工验收并开始蓄水，为干线工程运行调蓄补水及向济南市章丘单元配套工程供水发挥了作用。根据《南水北调东线一期胶东干线济南至引黄济青段工程东湖水库设计单元工程建成阶段验收鉴定书》，东湖水库工程存在渗漏量偏大的质量缺陷问题，应从根本上予以解决。

扩容增效工程不改变现状水库布置，尽量不扰动现有工程；通过提高水库原设计蓄水位 0.1~30.10m，降低死水位 0.5~18.50m，加大水库库容；通过对库区进行水平防渗，采取全库设置水平防渗的工程措施，增加充库调节次数，增加调节库容和调蓄水量。工程共包含库底开挖、筑岛、库区水平防渗三部分工程。

库底开挖工程：库区现状地面高程 14.0~19.70m 不等，经过土方平衡并满足土工膜抗浮要求，设计库底高程确定为 16.50m，库区铺膜高程 15.50m。

筑岛工程：为减小风区长度、降低风浪爬高，保证防渗排气效果，利用库区开挖土方在库区中心建设湖心岛 1 座，并兼做水质、气象观测站。湖心岛岛底面积 11.0 万 m^2，底高程 18.0m；32.0m 处顶面积 4.6 万 m^2，岛顶高程 32.0~36.0m. 湖心岛边坡 1∶4.0，筑岛土料压实度不小于 0.93；采用土工膜袋护坡，岛体分层铺设土工格栅。

库区水平防渗工程：扩容增效工程实施以后，水库年供水量和库容增大，高水位运行时间增加，可能会加大对周边区域的浸没影响。因此对库区进行水平防渗，与原有坝坡防渗系统可靠连接。本次库底铺设两布一膜防渗，铺膜高程 15.50m，膜上覆土厚 1.0m，膜厚 0.5mm。库底靠近坝脚 80m 平台膜上覆土厚 1.2m，膜厚 0.8mm。岛底铺膜，膜厚 0.8m，膜下设排气盲沟通至水库坝顶、湖心岛设排气管，并设置逆止阀。

2 库区防渗工程设计

2.1 水平截渗平面布置

水库库底全部采用铺设两布一膜防渗的形式。库底在铺膜过程中，根据自然地势，开挖整平、压实，至坝脚与坝体防渗连接，使坝体与库底防渗形成完整的防渗体系。库底不同高程的连接，坡度小于 1：10。库底局部取土点、排水沟、鱼池等低洼区域，填埋至 15.50m 高程，再与周围区域衔接。考虑湖心岛的沉降问题，湖心岛与库区的防渗膜分区铺设，湖心岛施工完毕后再可靠焊接。

2.2 水平截渗设计

库底防渗设计包括支持层设计、排水排气层设计、防渗层设计和保护层设计。

2.2.1 支持层

库底整平压实至设计高程后作为两布一膜的支持层。支持层压实厚度不小于 50cm，粉质黏土支持层要求压实度不低于 0.9，为防止防渗层被刺破，支持层表面不得有树根、芦苇、岩石尖角等突出物。库底务必压实整平，不允许出现坑洼不平的现象。

2.2.2 排水排气层

库区不另设排水排气层，由两布一膜下层土工织物兼做排水层。在整平压实后的库底南北向每 50m、东西向每 50m，库盘盲沟尺为 30cm×30cm（岛底盲沟尺寸为 50cm×50cm），盲沟内布置一条 ϕ100m（岛底为 ϕ150mm）的塑料盲沟，外包一层 300g/m² 的长丝土工布，管周回填粗砂。塑料盲沟通至坝脚处的塑料盲沟，在东湖大坝间距 100m 沿迎水坡混凝土格梗至坝顶排气。同时参照省内相似水库经验，库底设置逆止阀辅助排水排气，逆止阀间距 150m×150m，位于塑料盲沟交叉点处，逆止阀采用塑料结构，高出设计库底 0.2m，直径 160mm，设混凝土底座、防砂网等。当土工膜下压力高于膜上压力 0.2m 水头时，减压阀开始工作，排出膜下有害的水、气。

2.2.3 防渗层

本项目土工膜、土工布用于东湖水库国家级水源保护地，土工膜、土工布材质要达到国家关于对一级水源保护地的标准和要求。土工膜的膜材选用聚乙烯（PE）土工膜（无色）。膜材要求采用原生料，不得掺用再生料，生产工艺采用吹塑工艺生产。技术指标要符合《聚乙烯（PE）土工膜防渗工程技术规范》（SL/T 231—1998）、《土工合成材料聚乙烯土工膜》（GB/T 17643—2011）等规范的规定。土工布选用长丝纺粘针刺非织造土工布（白色），原材料要求采用全新涤纶长纤维。其标准应符合《土工合成材料 长丝纺粘针刺非织造土工布》（GB/T 17639—2008）等规范的规定。

自山东德州大屯平原水库（2013年5月）工程坝坡防渗采用复合土工膜、库盘防渗采用土工布和PE膜分开铺设的方式，以后的设计借鉴采用。本项目PE土工膜，库底膜厚0.5mm；库底靠近坝脚80m平台和岛底铺膜，膜厚0.8m。土工布选用长丝纺粘针刺非织造土工布，上层土工布均为200g/m²、下层土工布均为350g/m²。库底两布一膜采用土工布和PE膜分开铺设的方式，上下层长丝土工布分别缝合，中间PE膜焊接。

2.2.4 保护层

土工膜上铺设保护层。保护层采用素土，库区覆土厚度1.0～1.2m，素土内不得有树根、芦苇、岩石尖角等，压实度不低于0.90。

3 工程特点、难点及创新点

3.1 工程特点

东湖水库目前有坝坡防渗、垂直防渗措施，本次设计库底水平防渗方式需要与现有防渗体系结合，形成完整的防渗体系。

东湖水库原防渗设计坝坡铺设复合土工膜，坝基截渗采用C10塑性混凝土防渗墙，墙厚度0.3m；坝坡复合土工膜埋入截渗墙，然后做高塑性黏土顶帽和压重。

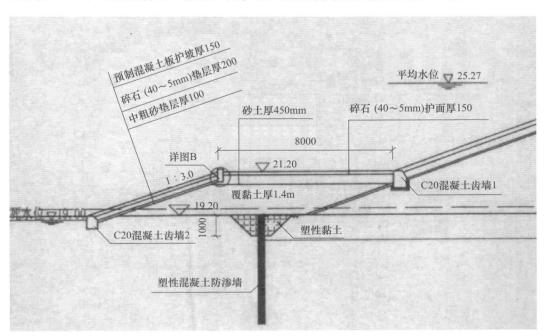

衔接方案：在坝脚齿墙处结合。拆除现状坝前迎水坡压重平台护砌及支持层，新铺防渗膜沿迎水坡压重平台至平台外侧坝脚齿墙，在坝脚齿墙处可靠连接。在东湖大坝间

距 100m 沿迎水坡混凝土格梗至坝顶排气。

本次扩容增效工程对库区进行水平防渗，铺设两布一膜（350g/m²，0.8mm，200g/m²）。新防渗体系需要与原防渗体系结合，形成完整的防渗体系；前期经过论证，结合的位置选在截渗墙上方、8m 宽覆土平台的混凝土齿墙。

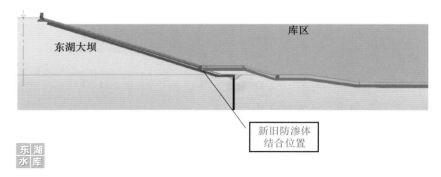

衔接设计：拆除现状坝前迎水坡压重平台护砌及支持层，新铺防渗膜沿迎水坡压重平台至平台外侧坝脚齿墙。原坝脚齿墙混凝土表面清洁。1:2 水泥砂浆修补找平，KS-Ⅱ型胶粘贴土工膜，并用钢板和氯丁橡胶板压紧。新、旧防渗膜之间，填充水泥膨润土，然后设置 0.6×1.0m 的混凝土齿墙，使新铺土工膜在坝脚齿墙处与原有防渗体系可靠连接。

施工图设计方案：原坝脚齿墙混凝土表面清洁，在旧齿墙侧面用钢板和橡胶板压紧两布一膜，并新浇筑 C30 混凝土齿墙，齿墙外侧开挖面回填黏土。

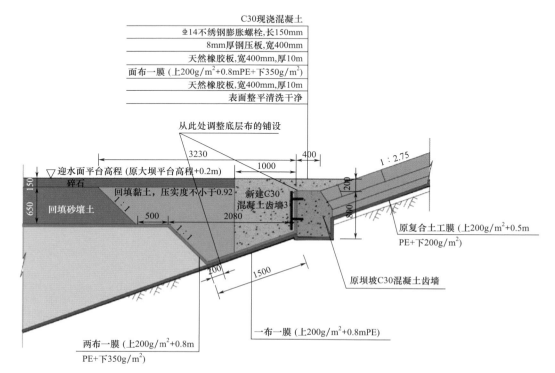

因旧齿墙侧面锚固施工不方便，2020年6月，建设单位组织专家咨询会对新旧防渗体系衔接设计进行了咨询。会后对原衔接方案进行了调整，锚固位置由旧齿墙侧面调整到齿墙顶面。

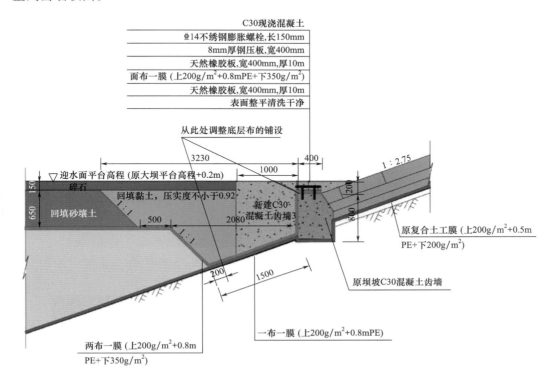

3.2　工程难点

施工过程中发现：旧齿墙外侧基面情况不一致；坝坡原复合土工膜褶皱严重；结合部位开挖面有水渗入；部分复合土工膜老化或损伤严重等现象。

图1　旧齿墙外侧基面情况不一致

图 2　坝坡原复合土工膜褶皱严重　　　　　图 3　结合部位开挖面有水渗入

图 4　部分复合土工膜老化或损伤严重

3.3　创新点

2020 年 7 月 9 日，建设单位组织专家咨询会对新旧防渗体搭接新的处理方案（新旧膜之间增设膨润土、旧膜三角区填混凝土）进行咨询，确定采用旧膜三角区填混凝土方案。其优点：对旧膜清洁情况及平整度要求不高，方便齿墙模板施工；坝坡排气管不用穿膜，减少渗漏点。缺点：齿墙要分 2 次浇筑完成，工期增加；混凝土结构断面变大，若采用 C15 混凝土，则增加投资。

宏祥新材料股份有限公司于 2020 年 3 月至 9 月供货南水北调东湖水库济南市扩容增效工程 1 标库底两布一膜防渗材料 200 万 m²，在合同的约定时间范围内保质、保量圆满完成交货任务；并受邀参加建设单位组织的两次新旧防渗体搭接咨询会，从专业角度积极献言献策配合工程建设，东湖水库扩容增效工程完工蓄水后运行情况良好，工程现场见图5。

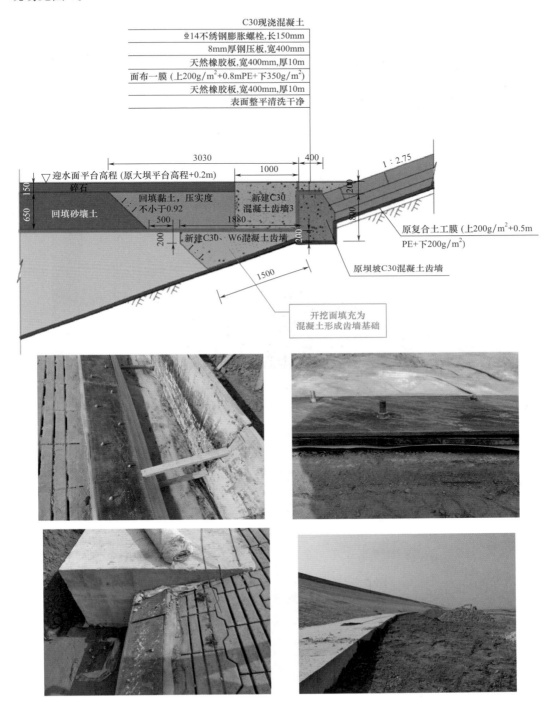

图 5   扩容增效工程现场

链接 1

宏祥新材料股份有限公司，位于中国土工合成材料生产基地——山东省德州市陵城区，是山东省级高新技术企业、专精特新中小企业、制造业单项冠军企业。主营业务为土工织物、土工膜、特种土工材料和土工复合材料类新型高分子土工合成材料的研发、生产、销售及施工服务。产品主要应用于水库、河道等水利水电工程，高速公路、铁路等交通工程，垃圾填埋场、尾矿库等环保工程。例如，济南市白云水库、南水北调工程；沪杭高铁、渝昆高铁；北京门头沟垃圾填埋场、内蒙大路新区固废垃圾填埋场等。公司坚持产、学、研、用结合的经营战略，注重技术创新，建有山东省企业技术中心、土工合成材料工程实验室，获得国家专利 68 项。核心技术包括高强聚丙烯针刺土工布、隧道用自锁式防排水垫层、铁路基床防排水、水利防渗排水防护新材料新技术等。标准决定质量，只有高标准才有高质量，宏祥参与制定 11 项国家标准、15 项行业标准。

链接 2

德州宏瑞土工材料有限公司以新型土工材料的生产制造为主,是一家集防渗设计咨询、施工服务为一体的专业土工材料生产厂家。公司先后通过 ISO 9001 质量管理体系认证、ISO 14001 环培管理体系认证。产品包括土工布、PE 土工膜、HDPE 土工膜、糙面土工膜、复合土工膜、隧道防水板、GCL 膨润土防水毯、复合排水网、土工格栅、软式透水管、浸塑布、橡胶支座、止水带、止水条、编织布、生态袋等土工复合材料,实现了防渗、环保、防护、加固、止水四大材料体系、一体化供应,销售网络遍布全国。

新型土工合成材料在渝昆高速
铁路区间路基基床设计中应用

刘好武　崔占明　邢　瑞

（宏祥新材料股份有限公司）

1　工程概况

渝昆高铁是我国"八纵八横"高速铁路主通道之一京昆通道的重要组成部分，线路起自重庆西站，途经重庆市、四川省、贵州省和云南省，接入昆明南站，全长 699km，设计时速 350km/h，共规划设置 21 座车站（预留九龙坡站）。

渝昆高铁建成通车后，将进一步完善国家综合立体交通网，强化成渝地区双城经济圈与滇中地区之间的联系，大幅压缩重庆至昆明的列车运行时间，极大地改善了沿线群众出行条件，促进沿线经济社会高质量发展。

2　渝昆高速铁路区间路基基床设计

2.1　基床结构

（1）基床由表层与底层组成。无砟轨道地段表层厚度为 0.4m，底层厚度为 2.3m，总厚度为 2.7m。有砟轨道地段表层厚度为 0.7m，底层厚度为 2.3m，总厚度为 3.0m。

（2）无砟轨道支承层（或底座）底部范围内路基面水平设置，支撑层（或底座）外侧路基面两侧应设置不小于 4% 的横向排水坡，基床底层的顶部和基床以下填料部位的顶部应设 4% 的人字排水坡。有砟轨道路基面形状应为三角形，由路基面中心向两侧应设置不小于 4% 的横向排水坡。

2.2　一般路堤基床（无砟填方高度 $h \geqslant 2.7\text{m}$，有砟填方高度 $h \geqslant 3\text{m}$）

（1）基床表层应填筑级配碎石，压实标准应符合表 1 的规定。

（2）基床底层填料应采用 A、B 组填料，A、B 组填料粒径级配应符合压实性能要求。基床底层压实标准应符合表 1 的规定。

表1 基床填料及压实标准

基床	填料	压实标准		
		压实系数 K	地基系数 $K30$（MPa/m）	动态变形模 E_{vd}（MPa）
基床表层	级配碎石	≥0.97	≥190	≥55
基床底层	砂类土及细砾土	≥0.95	≥130	≥40
	碎石类及粗砾土	≥0.95	≥150	≥40

2.3 低（矮）路堤基床（无砟填方高度 h＜2.7m，有砟填方高度 h＜3m）

（1）基床表层应采用级配碎石填筑，并满足压实度要求。

（2）基床底层厚度范围内天然地基的静力触探比贯入阻力 P_s 值不得小于 1.5MPa 或天然地基基本承载力 σ_0 不得小于 0.18MPa，否则应进行换填或加固处理。

（3）当基床底层范围内土层天然地基的 P_s 值或 σ_0 满足要求时，土质和天然密实度尚应符合底层填料组别和压实度的要求，否则应进行封闭或换填处理。

2.4 路堑基床

（1）不易风化的弱风化硬质岩无砟轨道地段，开挖至路基面并直接在开挖面上施做支撑层或底座，开挖面上的松动岩石应予以清除，开挖面不平整处应采用强度等级不低于 C25 的混凝土找平，详见双线无砟轨道路堑基床设计图。不易风化的弱风化硬质岩有砟轨道地段，表层以下 0.2m 范围内换填为级配碎石。

（2）软质岩、全风化、强风化硬质岩及土质路堑基床表层应换填级配碎石，并满足压实度要求。

（3）路堑基床底层范围内的天然地基应无地基静力触探比贯入阻力 P_s＜1.5MPa 或地基基本承载力 σ_0＜0.18MPa 的土层，否则应进行换填或加固处理。

（4）当基床底层范围内土层天然地基的 P_s 值或 σ_0 满足要求时，土质和天然密实度尚应符合底层填料组别和压实度的要求，否则应进行封闭或换填处理。

（5）路堑宜采用路堤式路堑断面形式。

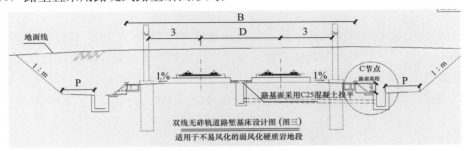

双线无砟轨道路堑基床设计图（适用于不易风化的弱风化硬质岩地段）

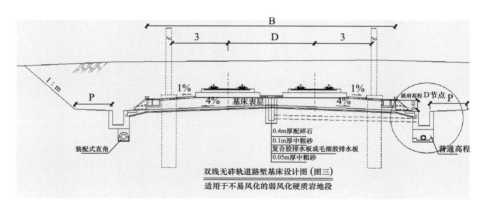

双线无砟轨道路堑基床设计图（图三）
适用于不易风化的弱风化硬质岩地段

双线无砟轨道路堑基床设计图（适用于强风化硬质岩地段）

3 工程措施

（1）依据路基基床范围的地质情况，按照一般路堤、低矮路堤和路堑三种形式分别进行基床加固设计。

（2）无砟轨道支承层外侧与路肩电缆槽间路基面设置 10cm 厚 C25 细石纤维混凝土防水层，防水层沿纵向按间隔 3m 设置一道施工缝（可根据气温调整间距），施工缝深 10cm、宽 1~2cm，采用沥青或高强聚丙烯材料灌注；防水层与无砟轨道支承层和电缆槽纵向接缝处，分别在排水层表面切割深 3cm、宽 2cm 的假缝，并在侧面涂刷界面剂后填充聚氨酯密封胶。C25 细石纤维混凝土防水层在电缆槽侧连接端应与电缆槽顶面平顺连接。

（3）无砟轨道线间采用设集水井的横向排水方案，轨道两侧的路基面及两线混凝土支撑层之间设防排水层，采用 10cm 厚 C25 细石纤维混凝土进行封闭，并设置不小于 4％的排水横坡。集水井设置于两线支撑层之间，路基面表水汇集于集水井内，经底部横向排水管排出。集水井间距不大于 50m。

（4）无砟轨道路基地段轨道超高在无砟轨道底座上实现，具体设计详见轨道专业设计图。

（5）设计中应明确采用侧沟、排水沟或普通盲沟的形式、尺寸、材料以及侧沟平台宽度、路堤坡脚外护道宽度等具体参数。侧沟、排水沟和普通盲沟的具体技术要求参见"渝昆施路专-10"。

（6）侧沟、路肩和护坡基础处设置的泄水孔，在入口端均应采用透水土工布包裹。

（7）桥头、隧道口以及每隔 50m 处的两侧护肩对称设置踏步。

4 工程创新点：新型土工合成材料的设计应用

4.1 基床材料技术要求

4.1.1 基床表层级配碎石

（1）采用Ⅱ型级配碎石，粒径级配应符合表 2 的规定，0.075mm 以下粒径质量百分率不得大于 3％；压实后 0.075mm 颗粒含量不得大于 5％，细颗粒含量需采用洗筛的方法测试；持水率不应大于 5％，渗透系数应大于 $5×10^{-5}$ m/s。

（2）级配碎石级配特性应满足不均匀系数 C_u 不小于 15，曲率系数 C_c 为 1～3。

（3）粒径大于 1.7mm 骨料的洛杉矶磨耗率不应大于 30％。

（4）粒径大于 1.7mm 骨料的硫酸钠溶液浸泡损失率不应大于 6％。

（5）粒径小于 0.5mm 的细骨料的液限不应大于 25％，塑性指数不应大于 6。

（6）黏土团及有机物含量不应超过 2％。

表 2 基床表层级配碎石粒径级配

方孔筛孔边长（mm）	0.075	0.5	1.7	7.1	22.4	31.5	45	60
过筛质量百分率（％）	0～3	8～20	16～33	37～53	63～79	73～89	85～100	100

4.1.2 复合土工膜

采用两布一膜复合土工膜（上下为无纺土工布，中间为隔水土工膜），标称强度不得小于 20kN/m，幅宽≥6.0m，技术指标满足《铁路工程土工合成材料第 3 部分：土工膜》（Q/CR 549.3—2016）第 5.3.3 条的规定，其中：

（1）膜材为高密度聚乙烯土工膜，膜厚不小于 0.3mm，技术指标应符合《铁路工程土工合成材料：第 3 部分：土工膜》（Q/CR 549.3—2016）第 5.2 条的规定。

（2）基材为聚酯或聚丙烯长丝无纺土工布，技术指标应符合《铁路工程土工合成材料 第 5 部分：土工布》（Q/CR 549.5—2016）的规定。

4.1.3 复合防排水板（排水网）

复合防排水板由滤材＋芯材＋隔水层结构组成，其中滤材为无纺土工布，芯材为主肋和次肋镶嵌结合并按一定角度排列形成排水通道的网状结构，材质为高密度聚乙烯（HDPE），隔水层与芯材为相同材质的排防一体结构，将滤材与排防一体结构热粘形成具有一定宽度的复合型排水材料。幅宽不小于 4.0m，施工时幅间采用丁基胶带搭接。复合防排水板芯材厚度为 5mm，平面通水量为 8L/（m·min），整体纵横向抗拉断裂强度≥20kN/m。其余技术要求应符合《铁路工程土工合成材料第 6 部分：排水材料》（Q/CR 549.6—2017）的规定。其中：

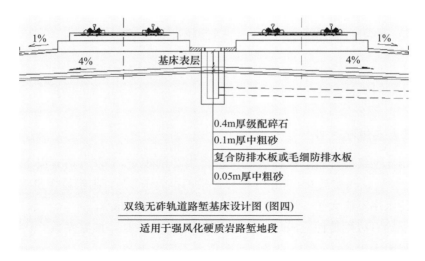

双线无砟轨道路堑基床设计图 (图四)

适用于强风化硬质岩路堑地段

复合防排水板或毛细防排水板

（1）滤材：无纺土工布单位面积质量≥200g/m²，垂直渗透系数≥0.3cm/s。

（2）芯材：网肋的结合必须是镶嵌结合，而不是肋和肋之间的黏结；炭黑含量≥2.0。

（3）隔水层：与芯材为同一材质和整体结构。

（4）CBR 顶破强力≥4kN。

4.1.4　毛细防排水板

以高分子聚合物为原料，经挤压形成板状结构，沿纵向开设内大外小的密集槽沟，形成具有毛细效应的防排水材料。

（1）毛细防排水板材质为聚氯乙烯或聚乙烯。

（2）毛细防排水板厚度不小于 2mm；集水槽宽度 0.3mm；集水槽间隔宽度1.2mm，孔底板厚≥0.5mm；排水孔径≤1.0mm，规格尺寸应符合《铁路工程土工合成材料 第 6 部分：排水材料》Q/CR 549.5—2016 的规定。

（3）毛细防排水板纵向拉伸强度≥12kN/m，横向拉伸强度≥5kN/m；法向荷载为150kPa 时，平面通水水量≥4L/（m·min）；刺破强力≥20ON；纵、横向断裂伸长率≥70%；纵向直角撕裂强度≥60N，技术要求应符合《铁路工程土工合成材料 第 6 部分：排水材料》的规定。

（4）毛细防排水板幅宽不小于2m。

4.1.5　透水无纺土工布

用于包裹泄水孔入口端的无纺土工布，刺破强度和撕裂强度≥400N；CBR 顶破强度≥1.5kN，其余性能指标应符合《铁路工程土工合成材料 第 5 部分：土工布》Q/CR549.5—2016 的有关要求。

4.2 复合防排水板产品

宏祥新材料股份有限公司自 2021 年 11 月起供货渝昆高铁工程复合防排水板 57 万 m²。新型复合防排水板材料为排水防渗排防一体结构，经中铁二院在渝昆高铁项目设计应用，实践证明，在基床部位发挥了良好的反滤、排水、防渗功能，工程现场见图 1。

图 1 复合防排水板产品

图 2　工程现场

长河坝水电站坝顶抗震加筋工程

崔　鑫　李　钊　韩广东　孙洪阵　宋丙红　李金山　高宝田

（浩珂科技有限公司）

1　坝顶设计与施工要求

1.1　工程概况

长河坝水电站位于四川省甘孜藏族自治州康定县境内，大坝坝址区上距丹巴县城约85km，下距康定市和泸定县城分别为51km和50km，距成都市约360km。作为大渡河干流水电规划"三库22级"中的第10级电站，其上游为猴子岩水电站，下游为黄金坪水电站。枢纽主要建筑物由砾石土心墙堆石坝、引水发电系统、3条泄洪洞和1条放空洞等建筑物组成。电站总装机容量为2600MW，具有季调节能力。

长河坝水电站大坝为砾石土直心墙堆石坝，最大坝高240m，坝顶高程1697m，水库正常蓄水位高程1690m，大坝按一级建筑物设计，地震设防烈度为9度。大坝设计总填筑量为3417万 m^3，填筑料由堆石料、过渡料、砾石土、黏土、反滤料、块石料、压重料等构成。由于其为在深厚覆盖层上建设的最高的砾石土心墙坝，加之河谷狭窄，故整个项目的施工难度大、技术要求高。

长河坝水电站大坝是一座建于深厚覆盖层上坝高超200m级的大坝，且面临所在地地震烈度高、河谷狭窄、两岸岸坡陡竣、深厚覆盖层、大坝需要承受较大的渗透压力等技术难题。

1.2　大坝抗震加筋要求

长河坝水电站枢纽建筑物主要由砾石土质直心墙堆石坝、左岸引水发电系统、右岸2条开敞式进口溢洪洞、1条深孔泄洪洞及1条放空洞组成。工程场址的地震基本烈度为Ⅷ度，大坝抗震设防类别为甲类，按Ⅸ度抗震设防。

目前国内外尚无深厚覆盖层上建造200m以上高土石坝的抗震设计经验，国内深厚覆盖层上已建成的最高的土石坝是瀑布沟水电站心墙堆石坝，坝高186m，抗震设防烈度为Ⅷ度。长河坝水电站大坝是位于深厚覆盖层上的土石坝，因此，高地震烈度区深厚覆盖层上修建高土石坝的抗震安全是该工程的关键技术问题之一。

1.3 工程设计方案

1.3.1 坝型及坝体结构

（1）坝型及坝体结构尺寸。选用抗震性能较好的土质直心墙堆石坝。为了防止地震时心墙产生贯穿性裂缝，增加防渗体的可靠性，扩大了心墙厚度，采用了宽心墙，心墙上、下游坡度均为 1：0.25，心墙底部最大宽度为 125.7m，同时加厚了反滤层和过渡层厚度，以减缓心墙拱效应并增强了反滤层的抗震安全性。其中下游反滤层厚 12m，上游反滤层厚 8m，过渡层厚度为 20m，加宽坝顶宽度为 16m。在上、下游坝脚铺设一定厚度和宽度的弃渣进行坡脚压重，以增强大坝地震时的抗滑稳定性。

（2）坝顶超高。坝顶超高考虑了地震时坝体和坝基产生的附加沉陷和水库地震涌浪，其中地震涌浪高度取为 1.5m，地震附加沉陷按坝高加覆盖层厚度的 1% 取值，为 3m。地震附加沉陷值大于计算得到的坝体竖向永久变形。

（3）坝体与混凝土结构及岸坡的连接。坝体心墙与混凝土结构及岸坡基岩的变形刚度差别较大，地震时两者变形不协调，容易在连接部位产生裂缝。在心墙与岸坡混凝土盖板及心墙与混凝土防渗墙和墙顶混凝土廊道的连接部位均铺设了高塑性黏土，并在与两岸岸坡连接处加大了心墙和反滤层的断面。

（4）上、下游坝面护坡。在大坝上游坝面采用了大块石护坡，下游坝面采用了干砌石护坡。

1.3.2 坝料设计与填筑标准

防渗心墙选择了黏粒含量高、塑性指数高的土料；反滤料、过渡料在满足反滤和排水要求的前提下，颗粒级配尽可能采用级配连续的较粗料以提高土石料的压实标准；砾石土心墙采用室内击实试验确定土料的最大干密度和最优含水率，实度要求达到 0.97 以上，反滤层相对密度按不小于 0.85 控制，堆石孔隙率宜不大于 21%。

1.3.3 坝顶加筋

坝体地震反应数值计算、离心机振动台模型试验以及高土石坝实际震害均表明坝顶部的地震加速度响应最为强烈，坝体在地震中存在明显的"鞭梢效应"，可能会导致坝顶堆石出现松动、滚落、坍塌、甚至局部浅层滑动等破坏，因此，在坝顶部采取了加筋措施，以进一步提高坝体的抗震能力。在综合比较了坝内钢筋网、混凝土抗震梁等其他抗震措施后，最终认为土工格栅除了与堆石料具有较强的摩擦作用外，其网孔结构与堆石料还存在较强的嵌锁和咬合作用，且土工格栅的铺设简捷、快速，对坝体填筑施工进度影响小，加之已在冶勒、瀑布沟等土石坝工程中得到了成功应用，从而确定了在坝体上部采用铺设土工格栅的抗震加固措施，即在坝体 1649m 高程以上的上、下游坝壳堆石料内，根据堆石料碾压层数，每隔两层铺筑一层土工格栅，其中顺河向最大铺设长度为 50m，小于 50m 的以不伸入反滤层为限。

2 加筋材料及工艺

2.1 高强聚酯经编土工格栅

聚酯经编涤纶土工格栅，采用国内大型原丝厂家生产的高强度聚酯工业长丝，经过德国卡尔迈耶高性能经编设备定向织造网格坯布，经公司独有的涂覆加工工艺制成土工格栅。产品抗拉强度最高达 1600kN/m，具有优异的抗蠕变性，优良的耐化学物质和微生物、抗紫外线辐射性能，施工损伤低，对土壤颗粒具有良好的互锁作用，适用范围广。

2.2 施工工艺流程和操作要点

2.2.1 施工工艺流程

基层清理→找平、碾压→铺设土工格栅→摊铺填筑料、碾压→检查验收

2.2.2 操作要点

（1）基层清理。土工格栅铺设前先对铺设面进行清理，对作业面突起的石块进行挖除，并对局部不平部位采用细料找平、碾压，以保证土工格栅铺设面平整，经验收合格后铺设土工格栅。

（2）铺设土工格栅。土工格栅铺设平铺、拉直，不能有褶皱，尽量张紧，然后用插钉固定，不得重叠，不得卷曲、扭结。土工格栅的铺设按受力方向进行，纵向垂直坝轴线，横向幅与幅之间的连接采用人工绑扎，绑扎材料为母材，搭接宽度不小于 15cm，同时保证不同铺设层的土工格栅在上下层间必须错缝。

（3）摊铺填筑料。土工格栅铺设定位后，随即采用填筑料进行覆盖，裸露时间不超过 48h。为保证施工进度，采用边铺设边回填的流水作业法，卸料后采用推土机进行摊铺，25t 自行平碾压实，以保证填筑料满足坝体填筑的施工质量要求。

3 工程特点、难点及创新点

3.1 工程特点

长河坝水电站大坝是目前国内外建在深厚覆盖层上最高的砾石土心墙堆石坝。最大坝高 240m，河床覆盖层厚 53.8m，设计地震烈度Ⅸ度，且工程所处位置河谷狭窄，故设计参数及施工质量标准较高，施工极具挑战性。

3.2　工程难点

（1）填筑料直采难度大，制备工艺复杂。砾石土心墙料质量分布不均，开采与制备难度大。土料各项检测指标变化大、空间分布均一性差。料场复勘土料天然含水率、级配参数分布不均，波动较大；土料超径含量高。料场天然土料级配参数大多难以满足设计要求，无法直接满足心墙填筑质量及规模化施工要求，需要进行土料超径剔除、不均匀土料的掺配及含水率的调整等多项制备工序，土料开采制备难度大，施工质量控制环节多。同时石料场岩石以花岗岩、闪长岩为主，岩石强度高，过渡料爆破直采难度大。

（2）填筑质量要求高。从坝料开采与制备到坝面摊铺、碾压各工序必须精细作业，否则难以满足质量要求。另外，质量检测频次高，检测合格是进入下道工序的前提。

（3）关键设备投入量大。先进的设备是保证工艺与强度的关键，土石方工程以钻爆、挖装、运输、摊铺、碾压等关键设备为主，各工序的设备选型与配套直接影响生产效率，设备数量应足以满足强度需求并满足日常维修的出勤率要求。另外，大量的土石方设备投入，维修工作与备品备件供应是设备管理的重要内容。

3.3　创新点

在高心墙堆石坝抗震设计中，对坝体上部 1/5～1/4 坝高范围进行抗震加固是目前高土石坝抗震设计的主要措施。借鉴土工格栅加筋技术，对坝顶堆石进行加筋，依靠筋材与堆石体之间的摩擦和嵌锁咬合作用传递拉应力，增加堆石体的变形模量，改善加筋堆石复合体的抗剪强度和变形特性，以提高堆石的整体性及抗震稳定性，工程现场见图 1。

（一）　　　　　　　　　　　　　（二）

（三）　　　　　　　　　　　　　（四）

图 1　抗震加筋工程现场

该项目所用的聚酯经编涤纶土工格栅应用于公路、铁路、水利、海洋和市政道路等工程，尤其可应用于软土地基处理和路基、堤坝等工程的加筋增强等工程建设领域。应用于公路、铁路、市政道路等各种道路软土路基加筋增强，可有效提高路基的强度，延长道路寿命。水利工程中的堤坝、岸坡、河道的加筋、隔离，加固软土基础，增强其防护能力，提高基础的承载力和稳定性。用于路堤边坡加筋、加筋土挡墙、道路拓宽、生态绿化挡墙等，降低工程成本，提高结构稳定性。

链接

浩珂科技有限公司成立于 2006 年，位于山东省济宁市高新区，是一家从事矿用高强聚酯纤维柔性网、土工合成材料研发、生产和服务一体化的综合型企业。公司长期致力于非金属聚合材料解决工程安全问题的方案提供，尤其专注高性能、新型纤维制品的研发和应用。产品满足工程特殊需求，为客户提供全新的工程解决方案，广泛应用于煤矿巷道支护、综采工作面回撤、整体铺网护顶、井下安全防护、挡矸网，岩土工程的加筋、隔离、过滤、包裹及防护等方面。

公司引进国际先进的土工合成材料生产设备和技术，拥有自动化经编生产系统、热处理生产线、宽幅机织布生产系统，年生产能力达到 3000 万 m^2。主导产品包括：煤矿用高强聚酯纤维柔性网、巷道支护网、挡矸网、经编涤纶土工格栅、高强度涤纶土工格栅、聚酯格栅、高强度机织土工布、土工模袋、充填模袋、玻纤格栅等。企业通过 ISO 9001 质量体系认证、ISO 14001 环境体系认证、ISO 18000 职业健康体系认证，产品通过煤安认证、CE 认证，以及水利部、原铁道部和交通部相关检测认证，符合 ASTM 国际质量标准。目前，公司产品已成功应用于神华集团、中煤集团、山东能源、山西焦煤、淮南矿业、兖矿集团等大型煤矿集团公司，同时在众多水利工程、边坡防护、填海造陆工程、道路工程中得到广泛应用。除满足国内煤矿及岩土工程市场高端技术需求外，已远销美国、南非、俄罗斯、波兰、德国、澳大利亚、巴西、印度和东南亚等国家和地区。

温州三垟湿地生态清淤工程项目

崔　鑫　李　钊　韩广东　陶爱玲　冯泽栋　高宝田

（浩珂科技有限公司）

1　清淤设计与施工要求

1.1　工程概况

根据《温州生态园三垟城市湿地公园建设三年行动计划（2016—2018 年）》，三垟城市湿地公园的定位，是以高品质的生态环境为本底，依托温州传统历史文化，完善旅游服务设施，强化旅游与各产业互动提升，吸纳城市公园和郊野公园的特点，打造集生态保育、科普教育和休闲游乐于一体的国家城市湿地公园。三垟湿地将划分为"起步区、一期、二期"实施分区分块建设。欲建设三垟湿地瓯越文化展示区、科普教育区、休闲服务区、湿地保育繁育区、文化创意区等 5 大板块，其中包含基础设施工程、水环境治理工程、环境再造工程、旅游和产业项目开发工程。考虑到三垟湿地征地进展情况，生态园管委会把三垟湿地概念性规划起步区内河道清淤作为一期清淤项目实施，同时也为后期河道清淤提供施工技术支持。本工程为河道清淤及淤泥固化，不涉及景观平台、驳坎及其他建筑建设。

本次清淤河道位于三垟湿地西北部（一期公园范围），根据项目建议书和可行性研究的批复，本清淤工程涉及 63 条河段，分布在沙河村、张严冯村、丹东村、圆底村部分河道以及垟河村部分河道，总长约 20859.41m。预计清淤总方量 39.47 万 m^3，建设 1 个淤泥临时堆场 10.13 万 m^2。工程实施主要内容为河道清淤和淤泥脱水固化等。

1.2　清淤施工要求

本工程为河道清淤项目，通过清淤大大提高了湿地滞洪纳涝的能力，提高区域防洪能力，改善湿地水质及水生态环境，有利于增加湿地的生物种类和数量，形成一个物种丰富、抗干扰能力强的健康的生态系统，从而实现丰富物种、防洪减灾、净化水质、改善当地小气候等生态功能。为生态园打造三垟城市湿地公园提供高品质的生态环境，依托温州传统历史文化，吸纳城市公园和郊野公园的特点，展现三垟湿地与众不同的魅力。

本工程属于环境治理工程项目，需要占用一定的土地资源，作为临时淤泥堆场，清淤结束后将覆绿，同时清淤涉及一定面积的水体，通过将清淤产生的淤泥脱水固化处理后用于湿地公园地形改造和绿化，有利于土壤资源的利用。本工程设置的 2 处淤泥临时堆场，临时占用的土地面积为 7.87 万 m^2，占用地现状为村庄房屋拆拆后的空地及荒草地，临时占用时间期限为 2 年，待淤泥外运完届时将恢复为耕地，符合资源利用上限要求。

1.3　工程设计方案

绞吸式污泥船从河底吸取的底泥经船上离心泵输送至垃圾分拣设备，通过垃圾分拣设备将泥浆中的垃圾和大于 2mm 粒径的砂石、泥块分离出来，洗净、沥干。分离后的泥浆自流入缓冲罐，然后通过渣浆泵将底泥抽送至管道混合器；同时通过全自动加药机和加药泵将生态固结剂与泥浆在管道混合器内完成充分混合，最后输送至土工管袋内进行脱水固化处理，余水处理达《污水综合排放标准》（GB 8978—1996）一级 B 标准后排入湿地。固化后的淤泥按要求外运后合理处置利用。

2　施工材料及工艺

2.1　土工管袋

土工管袋是采用高性能的聚丙烯网状单丝编织成土工管袋布，通过特殊缝纫工艺编织成型的袋子。采用特殊的缝合工艺，尺寸大小可按客户要求定制，施工操作方便。土工管袋具有高强度、低延伸率、高渗透、高抗紫外线、耐酸碱、抗微生物侵蚀性能等。

2.2　施工工艺流程

2.3　施工准备

2.3.1　施工设备

由于河道淤泥含重金属及有机物等污染物较多，河道疏浚需采用环保方式施工，避免疏浚过程中引起二次污染。本次河道清淤采取带水作业方式，带水作业设备采用环保型绞吸式挖泥船施工。根据工程设计方案，63 条河段河道宽度为 11.37～95.03m，采用小型环保绞吸式挖泥船施工。

2.3.2　疏浚管路铺设

由于本次清淤对河底污染底泥进行清除，污泥输送通过管道输送，将底泥从水下绞吸后通过船上离心式泥浆泵将挖掘出的泥浆提升并通过船上的输泥管排至堆场，线路较长处可在中间增加接力泵，输送距离≤4km。

2.4 操作要点

2.4.1 施工区域的准备

在施工前需要检查施工区域，确保符合施工要求。在施工前，需要对清淤区域进行分类、标记；对淤泥、泥土等淤积物进行分拣、清理；对施工区域进行划定，在施工区域内进行采样和处理。

2.4.2 土工管袋的铺设

在铺设土工管袋时，首先需要熟练掌握较具基础的检查测量技术，根据设计要求进行测量确认。然后按照确立的施工范围，安全铺设土工管袋，要求尽量采用单层搭接式铺设，减少搭接宽度，减少材料的浪费。

2.4.3 土工管袋的固定

铺设完成后，需要将土工管袋固定，包括连接等。固定一定要牢固，使其不会剧烈变形，也不会与原有环境发生冲突。同时，还需要根据具体水文条件选择合适的固定方式，以确保土工管袋不会因水流过大等原因造成移位。

2.4.4 泥浆充填

泥浆开始充填后，为防止管袋胀破，需在施工现场密切观察管袋容积变化，一般土工管袋极限充填高度为2.5m，根据泵送工作效率，一次充填时间约需2h，此时应进行管路切换，待管袋脱水完成后再继续施工。一个容量1000m³的土工管袋充填周期约为5d。若要进行土工管袋的堆放，必须在第1层土工管袋完全固化后才能进行第2层管袋的铺设与充填。第1层土工管袋相邻位置的凹槽可选择相似骨料进行填平处理，以保证第2层土工管袋充填的稳定性。

3 工程特点、难点及创新点

3.1 工程特点

本项目属于清淤项目，湿地内河多数河道水体现状水质为劣V类水，主要超标因子为氨氮、总磷、COD等，本次清淤工程采用环保绞吸式挖泥船清淤，对淤泥固化后余水处理达地表水Ⅳ类水体标准后回排河道，不会造成水体进一步恶化，清淤后可有效清除水底受污染的底泥，以达到提高河道容积率、排涝通畅度和改善水质的目的，可改善水体环境、提高城市防洪排涝能力，满足水功能区划及水功能区的要求。

3.2 工程难点

三垟湿地绝大部分区域已不具有湿地特质；生物多样性水平低下，已基本丧失原生态特征，湿地生态系统处于亚健康状态。若按自然生态恢复需要漫长的时间，才能达到良好状态；即使对区域进行完全的封育，使其不受外界的负面影响，要恢复到健康生态系统的水平，发挥其应用的生态服务功能，三洋湿地至少要20～30年。人类活动对水体造成严重污染，温瑞塘河支流水源污染＋生活污染＋手工业污染＋农业面源污染，导致生物多样性差，结构不合理，生态系统脆弱。必须进行人工正向干预，进行生态修复。水质污染源主要为温瑞塘河河水的流入，以及区域中居民的生活污水和工业企业的生产废水的排放。

3.3 工程创新点

该工程摒弃传统清淤方式，采用土工管袋清淤固结，管袋淤泥渗透水经过土工管袋过滤，水体中淤泥、悬浮物、重金属元素等污染物含量明显下降，淤泥、悬浮物的去除效果达到97％，重金属元素去除效果达到90％，水质完全符合排放标准。由于目前污染底泥堆场场地用地紧张，土工管袋方案也为底泥脱水提供了技术途径。综上所述，该工程的实施为河道治理提供了新的设计和施工方法，工程现场见图1。

图1　清淤工程现场

该项目采用的土工管袋主要有排水、加筋、过滤、脱水和隔离等功能，广泛应用于沙滩防护的筑坝工程、防浪堤的筑堤工程、围海造地和人工岛屿的围堰工程、桩基的淤泥脱水固化、黑臭河道的淤（污）泥脱水固化、建筑（河道）废弃泥浆、污泥快速脱水固化、造纸厂和尾矿以及垃圾填埋场的污泥脱水固化等领域，施工完毕后土工管袋的耐久性好。

聚丙烯长丝针刺土工布在公路工程中的应用分析
——以 G314 线阿克苏过境段公路建设工程为例

冯忠超　刘青青

（山东晶创新材料科技有限公司）

1　工程概况

阿克苏市位于天山南麓，是南疆地区的经济、政治、文化和交通中心，毗邻古丝绸之路的著名商埠温宿县。本项目位于新疆维吾尔自治区阿克苏地区阿克苏市及温宿县境内，总体走向由北向南，路线总体走向由北向南，沿阿克苏市规划线布设，路线全长44.927km。起点位于 G3012 吐和高速温宿收费站附近，与国道 G314 平交（交叉中心桩号 K989＋710），沿阿克苏市城市规划区外缘布设，起点设红旗坡枢纽互通，终点接

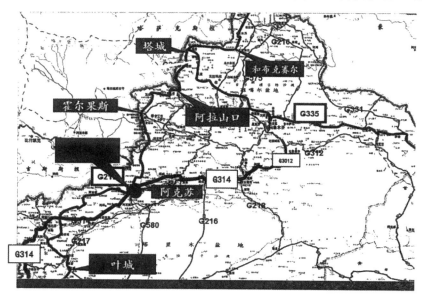

图 1　该工程在国家公路网新疆境内线规划中的位置

G3012（吐和高速）西工业园区互通，起终点与 G3012 连接，形成绕阿克苏市的交通环线，将阿克苏市周边的 G3012（吐和高速）、老国道 314、S207、S208、G219 等干线公路和城市道路连接，形成高等级骨架路网，加强城市道路与公路的衔接，完成过境交通、区域交通的快速转换，强化城区及周边的交通网络功能，有利于促进阿克苏市率先实现在南疆地区跨越式发展和长治久安，进一步体现阿克苏地区发展的先进性、示范性和可持续性。

2 聚丙烯长丝针刺土工布在公路工程中的作用

2.1 防渗作用

聚丙烯长丝针刺土工布浸润沥青后形成不透水层，类似于防水卷材，防止水分渗入软化道路结构，起到保护基层的作用。

2.2 隔离阻断作用

聚丙烯长丝针刺土工布铺设后能将面层和基层隔开，以降低接缝或裂缝处应力集中，减少对面层的影响，从而延缓反射裂缝的产生。

2.3 加筋作用

聚丙烯长丝针刺土工布可承担一定的沥青层底拉应力，并且通过嵌锁作用提高结构层整体刚度，起到对结构层的加筋作用，减小裂缝张开变形。

2.4 消能缓冲作用

防裂基布具有一定延展性和柔韧性，铺设在路面层之间，可将裂缝拉应力扩展至更宽的范围，从而消散、吸收裂缝处集中应力。

3 公路路面防裂应用材料对比

施工材料类别	同步碎石封层	聚丙烯防裂基布	玻纤格栅
方案对比	采用同步碎石封层车，将碎石及黏结料（改性沥青或改性乳化沥青）同步铺洒在路面上形成的封层	主要铺筑于半刚性基层与沥青面层之间、沥青层与沥青面层之间、旧路面与沥青加铺层之间，由聚丙烯防裂基布与热沥青组合形成 具有防水、延缓反射裂缝的功能层	人工铺设，再洒布热沥青作为粘层油，再撒布单一粒径碎石加以保护，铺设在沥青层底部，主要起到加强路面作用

续表

施工材料类别	同步碎石封层	聚丙烯防裂基布	玻纤格栅
作用效果	同步碎石封层由沥青和碎石组成，整体性较聚丙烯防裂基布应力吸收层差，因此抗反射裂缝和封水能力相对较弱	整体性好，具有良好的封水、延缓反射裂缝效果	与同步碎石封层结合，主要起加强加筋作用，无法起到防水、路面防裂的效果
施工方面	专用同步碎石封层车	机械摊铺，具有预张力；柔性土工织物，亲油性好	人工缓慢铺设，施工易碎

综上所述，与玻纤类材料比，聚丙烯防裂基布吸油、透油性好，黏结强度好。

与碎石封层相比，聚丙烯防裂基布应力吸收层为连续整体，三维立体结构，能更好地吸附沥青，且机械摊铺具有预张力，抗裂效果好。

4 施工工艺及效果分析

4.1 工艺流程

聚丙烯长丝针刺土工布因其良好的力学性能以及耐酸碱性能，在公路建设中常作为防裂基布使用，用于预防半刚性基层裂缝向沥青面层反射，进而延长路面使用寿命，其施工工艺流程如图 2 所示[4]。

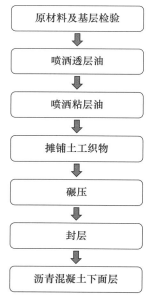

图 2　聚丙烯长丝针刺土工布施工工艺流程图

4.2 聚丙烯长丝针刺土工布指标

本工程所用土工布为 $150g/m^2$ 的聚丙烯长丝针刺土工布（以下简称防裂基布），其具体性能指标见表1。

表1　聚丙烯长丝针刺土工布（防裂基布）指标

项目	技术指标	检验依据
克重（g/m^2）	150	T 1111—2006
单位面积质量偏差（％）	±5	T 1111—2006
断裂强力（kN/m）	≥14	T 1121—2006
断裂伸长率（％）	纵向≥100 横向≥60	T 1121—2006
撕破强力（N）	≥400	T 1125—2006
厚度（mm）	1.5～1.7	T 1112—2006
顶破强力（kN）	≥2.0	T 1126—2006
刺破强力（N）	≥320	T 1127—2006
吸油率（kg/m^2）	≥1.2	T/CECSG：D56-02-2021 附录 A

4.3 施工过程

4.3.1 基层处理与检验

施工前采用人力结合森林灭火器、强力吹风机等清洁工具对将要铺设的水稳基层进行清理以保证基层表面干燥、清洁。同时铲除路面上尖锐的部分来确保基层平整、坚实。基层满足防裂基布施工要求方可进行下一步。

图3　人工对基层进行清扫

4.3.2　透层油喷洒

基层检查合格后，可喷洒乳化沥青透层油。基层喷洒透油层的主要作用是增强基层与防裂基布的结合力。透油层通过渗透基层表面，形成粘结层，使得新铺的防裂基布能与基层形成更牢固的粘结，从而提高路面的整体稳定性和耐久性。乳化沥青透油层喷洒完成后，应做好防污染措施，同时禁止车辆行驶。

图 4　透层油洒布后硬封闭交通

4.3.3　喷洒热沥青粘层

热沥青粘层能够进一步增强基层与防裂基布之间的粘结力，确保防裂基布与基层之间的牢固连接，防止层间剥离或滑移。

洒布车内沥青温度和洒布量，根据聚丙烯熔点以及温度对沥青的影响进行控制，防止温度下降过快影响防裂基布的粘贴效果，避免基质沥青温度过高产生老化。同时还要避免温度过高融化聚丙烯长丝针刺土工布。

4.3.4　摊铺防裂基布

防裂基布应趁喷洒出来的热沥青还处于较高温度状态时进行铺设。防裂基布应沿着设定的方向铺展，接缝处宜采用平接方式，确保防裂基布之间的接缝部分符合要求。在铺设过程中，及时调整防裂基布位置，避免褶皱和气泡，确保布料平整紧贴基面。

4.3.5　碾压

防裂基布摊铺过程中，为保证基布与基层粘结紧密，采用胶轮压路机紧跟防裂基布摊铺机进行静压。碾压前要检查胶轮是否携带碎石等颗粒状物质，碾压时要重点关注硬路肩和中分带边缘处以及施工的起点处、终点处和接缝处，防止漏压。碾压过程中压路机不得急刹、转弯、调头等，确保防裂基布表面平整。

4.3.6　质量验收

防裂基布施工完成后，应及时进行检验，检验合格后，方可进行同步碎石封层和沥青混合料下面层的施工，具体验收指标见表 2。

图 5 横向接缝处理

图 6 纵向接缝处理

图 7 胶轮碾压

（1）防裂基布原材料质量应符合规范要求，无老化、破损、污染。

（2）防裂基布铺面应与下承层紧密粘贴，无起皮、破损、污染等现象。

表 2　施工质量验收标准

检测项目	检查频度	质量要求或允许偏差	检查方法
平整度	2 处/200m	>8mm	3 米直尺法
宽度	1 处/200m	偏差 10cm	卷尺
铺面外观	随时	均匀密贴无皱褶 接缝粘贴无起层 边缘粘贴无起层	目测
横、纵接缝设置	每处	纵缝平接间隔>3cm 横缝平接间隔>1cm 接缝重叠部分>5cm	卷尺或钢尺
搭接横缝错开距离	每处	<5m	卷尺
剪切强度（25 ℃）	每 1km 1 组 （6 个芯样）	<0.4MPa	剪切试验 （直径 100mm）

4.4　铺设注意事项

（1）地表温度低于 10 ℃，风力大于 3 级时，不宜进行施工。

（2）防裂基布铺设过程中，应安排人员随时检查铺设效果，对缺陷部位进行处理。

（3）施工车辆驶上防裂基布铺面前，应确保车轮未污染、未粘沥青；过程中应注意涂抹隔离剂，以防粘轮。

（4）防裂基布铺设完成后，如不即时进行同步碎石封层的施工，则应对已铺段落进行封闭，禁止车辆进入。

4.5　关键技术参数

（1）沥青洒布量

在洒布热沥青的过程中，要严格控制洒布量。洒布量过大，会形成过多的油膜而形成润滑作用，过少则可能导致热沥青与基层之间的粘结力不足，增加了层间剥离的风险，影响路基稳定性和耐久性。因此洒布量宜控制在（1.2±0.2）kg/m² 的范围，洒布宽度应控制在比防裂基布宽度宽（5±1）cm 的范围。

（2）接缝距离控制

防裂基布纵向宜采用平接方式搭接，间隙不宜超过 3cm，横向间隙不宜超过 1cm，防裂基布的横向接缝不宜设置在同一断面，车道与车道之间的横向接缝宜间隔 5m 以上。

（3）碾压速度与遍数

防裂基布铺设后，胶轮压路机紧跟碾压 1～2 遍，碾压速度依据防裂基布摊铺机而定，与摊铺机保持 5m 以内的距离，每次碾压重叠 1/2～1/3 宽度。

5 效果分析

图 8 展示了同一路段在使用前后的一年内路面状况的变化。经对比，在公路建设中使用沥青混凝土面层加防裂基布的设计，结果表明不管是在裂缝的数量、裂开程度，还是路面损坏状况指数（PCI）、行驶质量指数（RQI）、车辙深度指数（RDI）等，铺设防裂基布的路段，表现情况均大幅度优于其他路段，聚丙烯长丝针刺土工布作为防裂基布应用在增强路面耐久性和稳定性方面效果显著。

图 8 使用前后路面状况对比图

链接

山东晶创新材料科技有限公司（以下简称晶创公司）成立于 2018 年 11 月，占地面积 13 万 m²，注册资本 2.6 亿元，主营业务是高端新型土工合成材料的研发、生产、施工及销售服务等。

晶创公司是国家级高新技术企业、"专精特新"中小企业，并曾荣获中国品质优秀企业、中国产业用纺织品行业"十三五"高质量发展企业、山东省诚信企业、德州市创新型高成长 50 强企业、数字制造创新解决方案创新奖等荣誉称号。

晶创公司拥有先进的聚丙烯长丝土工布生产线、国内先进的短纤针刺土工布生产线、新型高端 TPO 防水卷材生产线、高密度聚乙烯土工膜生产线、复合土工膜及复合土工布生产线等。产品广泛应用于公路、铁路、机场、港口、隧道、轨道交通、水利水电、海绵城市、国防建设、垃圾填埋、冻土地带、土壤修复、建筑防水等军民工程建设领域。

嵌套式多向应力分布格栅及工程应用

陈育民[1]　张　涛[2]　姚肖飞[1]　赵秀伟[2]

（1. 河海大学土木与交通学院；2. 肥城联谊工程塑料有限公司）

1　产品特点

嵌套式多向应力分布格栅是选用原材料为聚丙烯的整体冲孔拉伸型的多向土工格栅，颜色为黑色，其网孔形状为十二个三角形加一个矩形组成的嵌套结构，如图1所示。它能够在确保和提高方孔形状稳定性的同时，实现承载应力的多向分布，即在格栅任何一个位置承受的载荷，都能够通过相关结点有效地向多个方向比较均匀地分散，充分发挥了产品整体的承载能力，这种特性与该产品本身的特殊结构有直接关系。

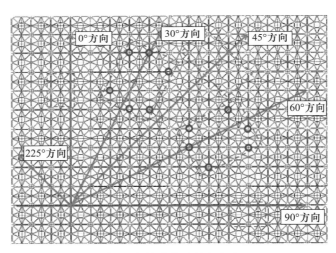

图1　产品形状及肋条方向

2　力学性能

该格栅各向强度均衡，能承受多向荷载，能将荷载均匀有效地向四周分散，具有抗拉、抗剪强度高，加固效果好的特点。嵌套式多向应力分布格栅产品规格为 QDSG 系列，具体有 QDSG100、QDSG120、QDSG160、QDSG180、QDSG220、QDSG240、QDSG300 等。如 QDSG100，QDSG 为嵌套式多向应力格栅的代号，100 代表产品的负载强度为 100kN/m。嵌套式多向应力格栅力学性能参数主要见表1。

表 1　嵌套式多向应力分布格栅力学性能

规格型号	负载强度（kN/m）≥	0°2%割线模量（kN/m）≥	90°2%割线模量（kN/m）≥	30°2%割线模量（kN/m）≥	45°2%割线模量（kN/m）≥	60°2%割线模量（kN/m）≥
QDSG100	100	200	200	100	100	100
QDSG125	125	250	250	125	125	125
QDSG150	150	300	300	150	150	150
QDSG175	175	350	350	175	175	175
QDSG200	200	400	400	200	200	200
QDSG220	220	440	440	220	220	220
QDSG250	250	500	500	250	250	250
QDSD300	300	600	600	300	300	300
QDSD325	325	650	650	325	325	325
QDSD350	350	700	700	350	350	350

3　优点及适用范围

国内外常用的土工格栅包括单向土工格栅、双向土工格栅、三向土工格栅，产品形状如图 2 所示，主要采用塑料板材经塑化、挤出、冲孔、整体拉伸而成，具有整体性好、节点强度高、加筋效果好的特点，但是也存在一些问题，比如单向格栅只在纵向具有很高的强度；双向格栅在横向和纵向具有较高的强度，而在对角线方向的强度很低，多余的荷载则需要结点来承担，因此节点容易破坏；三向格栅为等边三角形结构，在横向和与横向呈 60°方向的强度较高，相应的在纵向的强度较低。相较于上述格栅，嵌套式多向应力分布格栅的整体性好、节点有效性好，同时幅宽 5～6m 可减少搭接损耗，多向格栅肋条多与土体的受力面积大。适用于挡墙、陡坡、公路、铁路、机场、码头等的软基处理和边坡、堤坝、护岸、道路拓宽、公路路面、机场道面等工程的加固、加筋材料。嵌套式多向应力分布格栅与其他格栅的优缺点及适用范围对比见表 2，考虑到路基整体稳定性的需要，软基处理方案最终采用嵌套式多向应力分布格栅作为路基结构层材料之一。

表 2　不同类型格栅优缺点、及适用范围对比

格栅种类	优点	缺点	适用范围
单向格栅	纵向拉伸强度高	横向拉伸强度小	挡墙、陡坡、路堤、桥台以及塌方修复等的工程材料
双向格栅	在横向、纵向都具有较高的强度	对角线方向强度很弱，结点容易被破坏	公路、铁路、机场、码头等软基较好工程中的加固材料

格栅种类	优点	缺点	适用范围
三向格栅	整体性受力好、产品质量轻	同克重下整体拉伸强度低，结点有效性弱	公路、铁路、马路地基条件较好工程
多向格栅	整体性好、结点有效性高、肋条多与土体的受力面积增大	无	挡墙、边坡、公路、铁路等软基工程

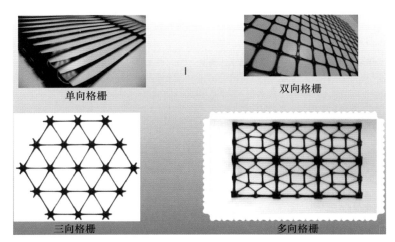

图 2　多向格栅与传统格栅的比较

4　工程应用

4.1　工程概况

新港路项目（南山路—东宁路）位于广东省江门市江海区，本项目为新港路道路工程设计。起点接规划东宁路，呈东西走向，跨青年河，终点接南山路，路线全长约697.26m，道路等级为城市主干路，设计速度为 50km/h。场地广泛分布一层软土，主要为淤泥，分布于新港路（南山路—东宁路）全线，厚度局部变化较大，为高压缩性土，抗剪强度低，含水量大，固结时间长，加荷后变形量大。根据具体情况以及软土的分布规律，本次设计软土路基必须进行处理，本项目采用水泥搅拌桩复合地基处理。考虑到碎石垫层填筑厚度的不均匀性以及路基整体稳定性的需要，采用嵌套式多向应力分布格栅作为路基结构层材料之一，铺设面积为 5.6 万 m²。

4.2　路基施工主要材料

路基施工主要材料包括碎石垫层，要求碎石采用级配碎石，最大粒径应小于

40mm。水泥搅拌桩，要求桩体所用水泥为 42.5R 级及以上的普通硅酸盐水泥，AB 型 PHC 预制管桩要求采用水泥强度等级不低于 42.5 级的普通硅酸盐水泥，筋材采用嵌套式多向应力分布格栅。

4.3　格栅设计方案

为改善软土路基不均匀沉降问题，起到路基加固的效果，如图 3 所示，本项目采用嵌套式多向应力分布格栅复合碎石垫层技术进行软基处理，主要的优点如下：

图 3　多向格栅铺设实景图

（1）将碎石垫层厚度控制在合理范围之内，以此降低路基的沉降变形；

（2）垫层加筋后可抑制其产生压缩变形，同时可有效提升垫层整体刚度；

（3）随着土工格栅层数增加，土工格栅复合碎石垫层稳定性随土增大；

（4）在土工格栅的作用下，松散状态的碎石垫层会形成一个完整个体，提升其抗弯能力，另外，由于土工格栅具有较大的摩擦力和剪应力，可有效约束土体两侧的侧向变形，进而提高路基的承载能力，防治产生不均匀沉降变形。

4.3.1　选材和用量

多向应力土工格栅原材料为聚丙烯的整体冲孔拉伸型的嵌套式多向应力分布格栅，其网孔形状为十二个三角形加一个矩形组成的嵌套矩形。在新港路道路工程路段使用，该项目最终使用嵌套式多向应力分布格栅 56465.6m²。

4.3.2　施工工艺流程

如图 4 所示，软基路段复合桩基桩顶采用嵌套式多向应力分布格栅，满铺软基处理宽度范围。在碎石垫层施工完毕且验收合格后，开展土工格栅铺设作业，在碎石垫层顶部、底部各铺设一层多向应力土工格栅。首先人为拉紧土工格栅，顺着垂直于道路的方向进行铺设施工，并选用 U 形钉进行固定，遵循梅花桩形结构，各间距小于 1.0m，搭接宽度不得低于 30cm，确保与首层碎石垫层黏合紧密，严禁存在任何空隙。顶面台阶在设置一层土工格栅，土工格栅端部打入直径 16mm 短锚杆进行锚固。最下层复合地基褥垫层部分铺满两层土工格栅。

嵌套式多向应力分布格栅技术指标为：格栅每 1m 负载拉伸强度≥60kN/m，屈服伸长率不超过 15%，最小炭黑含量不小于 2%，矩形网孔尺寸不小于 18mm，嵌套矩形尺寸不小于 60mm，幅宽 6m，拉紧后采用 U 形钉固定。

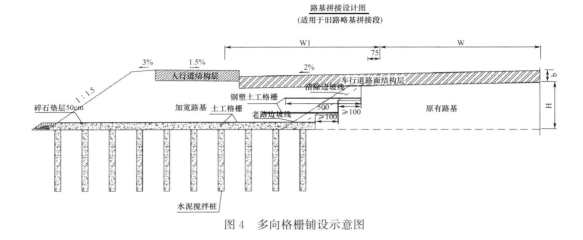

图 4　多向格栅铺设示意图

5　工程难点、创新点

5.1　路基处理方案选择难及创新

　　本项目场地广泛分布一层软土，主要为淤泥，分布于新港路（南山路—东宁路）全线，厚度局部变化较大，为高压缩性土，抗剪强度低，含水量大，固结时间长，加荷后变形量大。如未采取有效措施，工程建设可能引发地面塌陷和地面沉降、场地和地基的地震效应等地质灾害，本次设计软土路基必须进行处理。全路段适宜采用路基处理方案，建议对素填土、种植土、淤泥进行换填及压实处理，采用置换及分层压实处理不能满足上部荷载的沉降要求，因此建议采用粒料桩、水泥土搅拌桩法或高压旋喷桩法等措施对素填土、种植土、淤泥层进行地基处理，处理深度宜穿过路面荷载影响深度。比较高压旋喷桩法，水泥土搅拌桩法完全可以满足复合地基承载力的要求，且操作方法相对简便，施工工期短、成本低，且根据广东省其他地区和江门市其他项目的建设经验，因此本项目采用的软基处理方法主要为水泥搅拌桩复合地基处理，同时结合嵌套式多向应力分布格栅复合碎石垫层技术对软基进行进一步处理。

5.2　路面沉降处理及创新

　　本项目场地中淤泥质土的埋深与厚度均较大，土体抗剪强度低，在上部交通荷载作用下极易产生较大的沉降，此外垫层材料采用碎石，由于基层强度不均匀，可能引起地基的不均匀沉降，因此如何减小地基的沉降是该工程的一大难点。

　　路基面层材料使用了沥青混合料，在交通荷载作用下容易产生"疲劳裂缝"，如何延长沥青混合料的使用寿命是另一个难题。而采用格栅加强，能够将路面荷载传递到格栅，从而减小路基的不均匀沉降。同时路面结构加铺格栅后，由于格栅的共同作用，使加铺层下面的拉应力降低，因而提高了沥青的抗疲劳特性，延迟了裂缝的发展，推迟了结构的破坏。此外国外相关研究成果表明加铺格栅可以减少沥青层厚度，采用格栅加固的方案可以很好地解决上述问题。

而采用何种类型的格栅进行地基加固则成为需要考虑的问题。单向和双向的格栅的优点是在横向、纵向有着较高的拉伸强度，然而其在其他方向的拉伸强度较低、整体力学性能较差。相比单向和双向格栅，三向格栅整体性受力好，克重轻，但同等克重下的三向格栅整体拉伸强度低，而路基对整体强度和稳定性有着较高的要求，其结点有效性弱，且三向格栅的搭接损耗大。而嵌套式多向应力格栅整体拉伸强度高，结点有效性高，且单元肋条数多，从而提高了对土体的锚固和嵌锁能力，同时该产品的幅宽为5～6m，从而减小了搭接损耗。此外通过对不同类型格栅加筋垫层的载荷试验研究，发现在相同荷载条件下，与单向、双向、三向格栅相比，多向格栅在减少地基沉降方面表现最优，其沉降量减少约17%。经对比，最后本项目土工格栅采用嵌套式多向应力分布格栅，以减少软土路基的不均匀沉降，同时提高路基的整体稳定性，工程现场相关情况见图5～图10。

图5　场地准备

图6　格栅铺设

图7　土工格栅接头处理

图8　土工格栅铺设

图9　试验段照片

图10　格栅质量巡检

链接 1

肥城联谊工程塑料有限公司主要研发生产和销售单（双）向塑料土工格栅、土工格室、聚酯（PET）焊接土工格栅、玻纤格栅、经编涤纶格栅，钢塑格栅、土工织物等土工合成材料。公司成立于 2002 年，是国内土工格栅制造行业的龙头企业之一，与北京科技大学、山东大学、山东省机械设计研究院、中科院大连化物所等科研院所建立密切的合作关系，并外聘行业知名专家 7 人担任技术顾问，其中国家特聘专家 1 人、山东省千名知名技术专家 1 人、泰安市高层次人才 5 人。拥有有效专利 71 项，参与制定行业标准 8 项，承担省级及以上科技创新项目 20 余项。公司是全国工业领域电力需求侧管理第七批示范企业，国家高新技术企业、知识产权优势企业、重点小巨人企业、制造业单项冠军示范企业，山东省 DCMM 贯标试点企业、中小企业隐形冠军、特色产业镇动能转换 20 强企业、"专精特新"中小企业、瞪羚企业，获得 2023 年山东省服务型制造示范企业、2023 年山东省技术创新示范企业等，拥有山东省企业技术中心、工业设计中心、一企一技研发中心，产品产能规模、市场占有率及品牌影响力均位居国内同行业前列。

链接 2

河海大学土木与交通学院是河海大学的二级学院，成立于 2009 年。学院现有教职工 165 名，其中正高 49 名、副高 73 名、博士生导师 34 名。拥有岩土工程国家重点学科（1988 年首批两个国家重点学科点之一）。土木工程学科为国家一级重点（培育）学科、江苏省一级重点学科、江苏省优势学科建设工程学科。在 2016 年教育部组织的第四轮学科评估中，土木工程学科获评 A-，排名全国第七。学院设有土木工程博士后流动站，拥有土木工程一级博士学位授予权，岩土工程、结构工程、防灾减灾工程及防护工程、桥梁与隧道工程、道路与交通工程五个二级学科拥有博士及硕士学位授予权，交通运输工程一级学科拥有硕士学位授予权。学院近五年承担国家级、省部级及横向科研项目 591 项，科研经费 2.63 亿元，其中包括国家自然科学基金项目 84 项，973 项目课题 1 项，国家重点研发计划项目 2 项、课题 2 项，国家自然科学基金重点项目 5 项；获省部级及其以上奖项 53 项，其中国家技术发明二等奖 1 项，国家科技进步二等奖 1 项。发表 SCI 检索论文 790 篇，申请发明专利 926 件，授权发明专利 470 件，出版学术专著 27 部。

云浮花岗岩矿半成品加工区加筋边坡项目

王　鹏　王旭龙　胡传良　马继强　李　君

（泰安现代塑料有限公司）

1　项目概况

云浮花岗岩矿半成品加工区项目位于广东省云浮市云安区，场地地貌属于丘陵沟谷地貌，区域属亚热带季风气候。整个场地为在山中开辟的一片平地，场地区域地形、水文地质条件复杂。拟建工程区对应地震基本烈度为Ⅵ度。

场地周边有填有挖，最大填方高度35m，拟建场地的南部分布一条冲沟，宽25～50m，沟底高程80～55m，沟深约25m，有季节性流水。冲沟下方，场地一侧临近乡村道路，不能侵占和改道处理。如图1所示，场地Ⅰ一侧紧邻乡村道路，场地Ⅰ与场地Ⅱ衔接处为冲沟，为保证场地的使用，该处需回填处理，最大填方高度约33.5米。

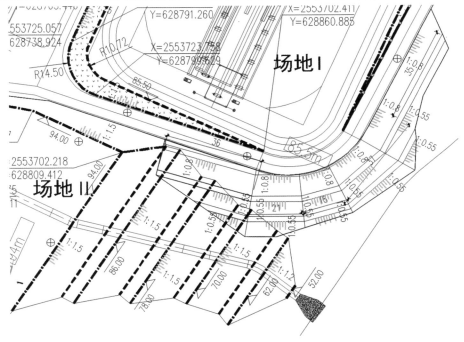

图1　项目平面布置图

场地 Ⅱ 在冲沟处放坡区间足够，回填区边坡采用自然放坡处理，场地 Ⅰ 由于靠近乡村道路，放坡受限，需做收坡防护处理。

2 解决方案

本工程针对场地 Ⅰ 在该处的填方区边坡解决方案和稳定性进行了分析比较，最终确定采用加筋土边坡防护方案。

2.1 方案比选

初步设计对该处高填方边坡支护方案提出了三种设计方案，并就各方案的优缺点、造价、施工效率、可实施性、环境协调等方面做了比较。方案对比见表 1。

表 1 方案对比表

	支护方案	优点	缺点	可实施性
方案一	自然放坡	施工简单，地基承载力要求低，地基无须特殊处理，工期短，造价低。	放坡空间要求大，回填土方量大。	现场放坡空间不足。方案不可实施。
方案二	自然放坡＋桩板墙	下部桩板墙，上部自然放坡，墙面采用钢筋混凝土结构，结构稳定。	结构复杂，工期长，地基承载力要求高，圬工量大，造价高。	一般
方案三	加筋土边坡	利用筋材的抗拉能力，约束填土位移，稳定边坡。地基承载力要求较低，工艺简单，工期短，造价较低。	施工工艺要求较高。	技术成熟，填料要求分层压实，保证压实度。方案可实施性好。

通过比选，最终采用加筋土边坡支护方案。加筋土技术成熟，在全球范围内应用非常广泛，是目前解决高填方岩土工程的最佳选择。利用筋材的抗拉强度和耐腐蚀特性，通过筋材与土体间的相互作用，形成筋-土复合体，约束土体颗粒的位移，限制土体下滑，保证边坡稳定。

2.2 设计方案

综合考虑该地区的水文地质条件、周边环境等条件，该处加筋土边坡断面形式分为 3 级，底部两级采用坡率 1：0.55，上部一级采用坡率 1：0.8，两级之间设置 2m 宽的马道。每级马道处设置纵向排水沟，可及时将坡面汇水排走。

设计筋材采用高密度聚乙烯单向整体拉伸型土工格栅，该类型格栅为一体成型材料，内外材质单一，结构和性能稳定，具有抗拉强度较高、耐腐蚀性强、耐久性和长期性能好的特点，满足永久性工程的要求，在国内外大量工程中得到广泛的应用和客户好评。

3 工程效果

项目于 2023 年 11 月份开工，2024 年 1 月份完工。工后边坡结构稳定，工况良好，坡面后期经绿化处理，与周围环境协调，并符合节能减排的发展理念。工程效果见图 2。

图 2 项目完工效果

4 创新及意义

该加筋土边坡工程采用了常规的土工格栅包裹式坡面结构，在坡面施工工艺上做了一定的优化创新。加筋土边坡土工格栅包裹式坡面的施工质量易受很多因素的影响，其中土工格栅层间距较大（一般＞50cm）时，对坡面包裹土工袋的施工精度要求较高，施工质量不易控制，工后坡面效果差为常见诟病。

土工格栅层间距较大时，一般情况下施工时装土的土工袋很难做到严格的平整密实码放和土工格栅平整紧密包裹的效果；相比之下，土工格栅间距小，坡面包裹效果相对较好，且有利于回填土的压实效果。如果为缩小土工格栅层间距来保证坡面包裹的效果，筋材长度保持不变，筋材数量和铺设成本会增加，增加施工成本。一个优质的设计方案是在满足设计要求、保证工程稳定前提下，既能保证工程效果，又能尽量减少工程造价。

该项目加筋材料（土工格栅）铺设采用长（主）短（次）筋交错布置的形式，长（主）筋为受力筋，短（次）筋为辅助筋，有效地将坡面结构部分的格栅间距缩小到 30cm 一层，使坡面包裹部分的施工效果得到最大的保证，更有利于坡面防护，同时兼顾了降低工程造价的需求，也保障了回填压实的规范要求，保证了工程质量，为以后类似工程提供了经验支持。施工及设计见图 3～图 7。

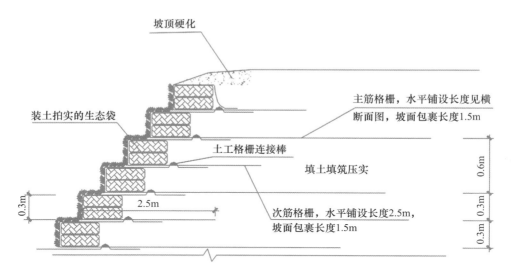

图 3　坡面包裹形式设计

图 4　施工图片-1

图 5　施工图片-2

图 6　施工图片-3

图 7　施工图片-4

链接

泰安现代塑料有限公司成立于1998年，是集土工合成材料研发、生产、销售、应用技术服务及装备研发于一体的综合型科技创新集团化企业。公司聚焦土工格栅、长丝非织造土工布两大核心产品，产品广泛应用于交通、市政、水利水电、工业场坪、新能源、环境治理等工程领域，拓展加筋土工程应用和防渗、反滤等工程领域的技术服务，为全球市场提供高质量、高性能的土工合成材料产品及应用技术支持。产品线主要有非织造土工布、土工格栅、复合格栅、复合膜、复合三维排水网、土工格室等。

公司以泰安现代塑料为经营主体，主打土工格栅和无纺土工布两大核心产品，创建新材料研发技术中心、机械装备智能智造中心、产品质量检测中心，建立了泰安、重庆、成都、美国TMP四大生产基地，形成了"一个经营主体，两大核心产品，三大科研中心，四大生产基地"的集团化发展格局。公司致力于国际化和多元化创新发展，在美国建厂运营土工格栅生产企业，设有装备、模具设计制造中心，具备完全的土工材料生产设备的研发生产能力，攻克了多款高难度装备及模具设计制作。2023年公司独立研发、装备了国内首条具有完全自主知识产权的丙纶长丝土工布生产线并顺利投产，填补了国内空白，推动了我国土工材料行业的技术进步和产业升级。

公司参与一系列国家标准和行业标准的制定；产品通过欧盟CE，中铁CRCC，美国TRI、BTTG等权威机构认证；先后荣获国家级高新技术企业，以及山东省制造业单项冠军、山东省企业技术中心、山东省专精特新中小企业等资质和荣誉称号。

天津港爆炸废弃物堆放场防渗工程项目

何　勇

（上海盈帆工程材料有限公司）

1　工程概况

2015 年 8 月 12 日 23：30 左右，位于天津滨海新区塘沽开发区的天津东疆保税港区瑞海国际物流有限公司所属危险品仓库发生爆炸。

废弃物处置和场地修复区域主要包括事故核心区 18.8 万 m^2，南外拓区 10.8 万 m^2，北外扩区 16.5 万 m^2，外围区绿化带 11.1 万 m^2，总计 57 万 m^2。处置对象包括可回收金属废弃物、散落的化学品、沾染化学品的废弃物、燃烧遗留物、建筑垃圾、事故区域被污染土壤、事故区域外围绿化带被污染土壤、事故周边区域尚未被识别的其他废弃物及可能污染的土壤等，施工现场总体情况见图 1。

2　施工要求

总面积约 2 万 m^2 的防渗池，用于存放从事故现场清理出的污染土。防渗池内铺有用 2 层防渗膜和 3 层土工布构成的防渗层，池底的防渗层上方还覆盖有约 5cm 厚的沙土和 8cm 厚的连锁砖。

3　工程设计方案

3.1　防渗结构示意

为防止污染土壤造成二次污染，将在场地周边设立 1.2m 高的围墙，在场地内铺设砖层、沙土层和"三布两膜"共 7 层铺设，以确保和地表完全隔离。

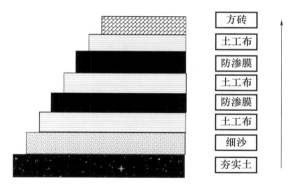

防渗结构示意图

图 1 防渗工程项目施工现场

3.2 土工布材料及工艺

3.2.1 非织造土工布

土工布具有优异的耐热、耐光性能，对各种自然土壤、水分和微生物的长期耐腐蚀性，土工布可起到隔离作用，具备良好的反滤性能和防腐性能，具有可靠的排水、保护、加筋性能。

非织造土工布，作为工程建设的得力助手，以其卓越的抗拉强度、良好的透水性及耐腐蚀性，在水利、交通、环保等领域大显身手。其施工工艺简便高效，仅需平整铺设、搭接牢固、适当固定，即可快速形成稳定结构层。独特的多向纤维结构，确保土壤与结构物的紧密结合，可有效防止水土流失、提升工程整体质量。

3.2.2 施工工艺流程

1. 土工布铺设

土工布施工前应检查基层，基层应平整，无坑洼积水，无石子树根及其他尖锐物。

土工布在搬运和施工过程中要避免跟硬物冲击，最好一次到位。

在土工布安装、验收以后，要尽快进行 HDPE 膜的安装，以防被雨雪淋湿或弄脏弄破。

安装规范要求：其搭接宽度为（250±50）mm。土工布搭接采用缝包机缝合，施工现场见图 2。

图 2　土工布铺设现场

2. 土工布成品保护

土工布安装验收后应及时铺设 HDPE 膜，以避免承受风雨的侵蚀；

土工布铺设完毕后如不能及时铺设 HDPE 膜，则应该用彩条布或薄膜覆盖，以避免承受风雨的侵蚀；

土工布铺设完毕后应避免车辆碾压和其他异物损坏；

施工完毕后的土工布不得有泥块、污物、杂物等可能损坏垫衬材料的异物存在，施工现场见图 3。

图 3   土工布铺设验收现场

3. 土工布缺陷的修补

土工布的破损，应采用同样的土工布覆于破损处，每边超过 300mm，并用热风焊枪焊接。

4. 操作要点

（1）土工布的铺设人员不应穿硬底鞋。

（2）合理地选择铺设方向，尽可能减少接缝受力。

（3）合理布局每片材料的位置，力求接缝最少。

（4）土工布搭接 7.5cm（20cm）左右，采用电动手提缝纫机进行缝合连接。

（5）在斜坡上铺设土工布应自上而下，即土工布的铺设方向垂直于斜坡走向；不得横铺，在坡脚 1.5m 范围内及坡度大于 10% 的坡面上不得有横向接缝；在顶部（瞄固在瞄固沟内）和底部应予固定，坡面上应设防滑钉，并随铺设压重。

（6）土工布铺设平整、不得有破损和褶皱现象。

4 工程特点

    天津港爆炸事故废弃物堆放场需要处理两类废弃物，一个是有毒的爆炸物本身，另一个是由爆炸形成的新的有毒有害物质，同时施工现场有检测出神经性毒气，施工过程中在保护自身安全的同时，必须不留任何环境安全隐患、确保不发生二次污染、确保环境质量安全。施工现场见图4～图6。

图 4

图 5

图 6 土工布铺设过程施工现场

链接

　　上海盈帆工程材料有限公司（以下简称上海盈帆）成立于1998年，是专业研发、设计、生产、销售、施工的环境保护企业，下设上海盈帆环保材料有限公司、上海盈帆工程材料有限公司、上海盈帆环境工程有限公司。公司拥有四条先进的土工膜生产线、两条HDPE糙面膜生产线、一条防水毯生产线、一条土工布生产线、一条复合膜生产线。其生产的"盈帆"牌HDPE（高密度聚乙烯）防渗膜、GCL膨润土防水毯、土工布、复合土工膜等系列环保产品，广泛应用于环保环卫、水利、市政工程、人造景观、园林、石化、矿业、建筑、交通设施、农业种植、水产养殖、盐业等防渗工程。公司防渗膜生产力可达30000t/a，是国内规模较大的土工材料专业生产厂家之一。

　　上海盈帆通过了ISO9001质量管理体系认证，产品质量符合美国GRI标准、德国工业标准、《国家重点公园评价标准》CJJ/T 234—2006、《土工合成材料聚乙烯土工膜》GB/T 17643—2011等标准。公司专注于解决环境渗漏、防腐、防水、防潮等问题，拥有专业的施工队伍，瑞士、美国专用焊接施工设备，为各行业客户提供防水、防渗、防腐工程的规划、设计、施工、服务。公司已获得高新技术企业、科技小巨人企业、专精特新企业等荣誉称号。

石家庄中华大街加筋土挡墙工程

岳 昊[1] 牛永贤[2] 陈丽丽[1] 周 煜[1] 张 杰[1]

（1. 青岛旭域土工材料股份有限公司；2. 石家庄市政设计研究院有限责任公司）

1 加筋土挡墙设计与施工要求

1.1 工程概况

中华大街是石家庄的第二条迎宾大道，是石家庄南北向交通要道。中华大街南延北起南二环，南至南三环，全长 4.12km。线路走向自南二环向南穿石程宿舍、祥云国际、污水处理厂、民心河，接南三环辅道。道路建设标准为城市主干路，标准路段宽 50m。

祥云国际为石家庄最大的烂尾楼，道路桩号 K0＋512 至 K0＋780 处为祥云国际的一个建筑基坑，基坑深约 20.6m，最宽处约 150m，基坑侵入道路红线最宽处约 40m，严重影响了道路施工，必须进行回填处理。

1.2 路基挡墙的方案比选

对于路基挡墙进行了三个方案的比选，方案一是大放坡＋桩锚支护，方案二是框架式挡墙，方案三是加筋土挡墙。比选过程如表 1 所示。

经对比最终选用加筋土挡墙支护方案，该方案造价低，不占用祥云国际用地，施工简单，且能够满足工期要求。

表 1　方案对比表

支护形式	优点	缺点	造价	工期	备注
方案一：大放坡＋桩锚支护	施工风险较低，结构安全，无须进行地基处理，施工方便，工期短。	坡脚延伸过大，土方量大，需临时占用祥云国际约 36m 左右的宽度。	高	短	施工时需进行桩锚支护，需征求祥云国际同意
方案二：框架式挡墙	墙面垂直，节约占用土地，采用钢筋混凝土结构，施工质量容易保证。	工期长，需要对现状土进行开挖，地基承载力要求高。	较高	长	需采用桩基础

126

续表

支护形式	优点	缺点	造价	工期	备注
方案三：加筋土挡墙	通过土体与拉筋材料的共同作用，充分利用回填材料的性能，使挡墙轻型化，减少资源消耗。	地基承载力有一定要求。	低	较短	需要进行地基处理

1.3 工程设计方案

1.3.1 加筋土挡墙结构设计

综合考虑该地区的工程地质及水文地质条件、周边建筑、环境控制条件，挡墙支护结构及排泄水方案为加筋土挡墙＋护脚＋排泄水系统＋墙面防护系统。加筋土挡墙支护剖面图如图1所示。

（1）结构尺寸。挡墙总高度为20.3m，上挡墙高度为10.3m，下挡墙高度为10m，中间设一宽度2m的马道。

（2）面板及加筋材料。挡墙护面采用现浇C30混凝土面板。加筋材料采用旭域EG®高密度聚乙烯单向土工格栅，型号为EG90R、EG130R、EG170R。

（3）护脚设置。在地基岩（土）性变化处、护脚高度突变处和与其他建（构）筑物连接处应设沉降缝。变形缝宽度为2～3cm，缝内沿墙的内、外、顶三边填塞沥青麻筋和涂沥青木板或其他弹性防水材料，塞入深度不宜小于20cm。

（4）墙面和墙体排水。墙顶汇集的路面水可通过纵坡引至总排水沟排走。面板后设置碎石排水层，将水汇集至墙面预留的排水孔排出路基外。

1.3.2 挡墙计算

根据《公路加筋土工程设计规范》进行了加筋土挡墙的外部稳定性和内部稳定性验算，通过计算此方案满足规范要求，结果如下：

（1）滑动稳定性验算：最小安全系数 $K_c=3863.6/922.3=4.189>1.300$

（2）倾覆稳定性验算：最小安全系数 $K_0=123944.1/6499.4=19.07>1.50$

（3）整体稳定性验算：最小安全系数 $K=13565.3/2916.2=4.652>1.250$

（4）内部稳定性验算：

单个筋带结点抗拔稳定满足：拉力设计值＝15.270＜177.050（kN）

筋带截面抗拉强度验算满足：拉力设计值＝104.044＜106.400（kN）

全墙抗拔验算满足：最小安全系数＝74.943＞2.000

1.3.3 加筋土填料

加筋土填料中有尖锐棱角等有损塑料土工格栅的部分不得大于总量的15%，填料

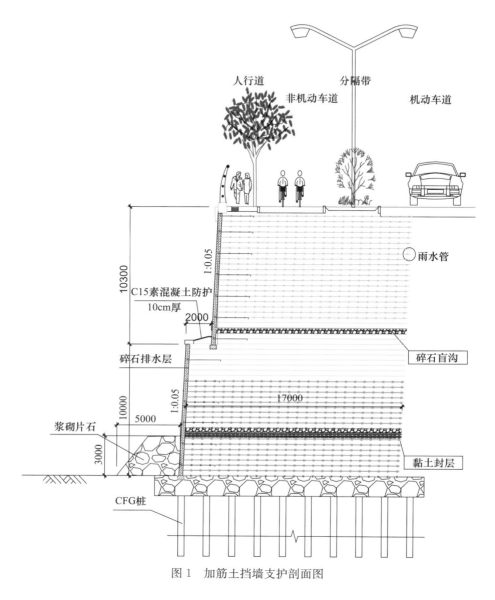

图 1　加筋土挡墙支护剖面图

最大粒径不得大于 20cm。采用透水性填料，土料中有机质含量不得超过 5%，也不得含有淤泥质土、耕植土、冻土或膨胀土。

2　加筋材料及工艺

2.1　高密度聚乙烯单向格栅

加筋材料采用的旭域 EG® 高密度聚乙烯单向格栅，是以专用的高密度聚乙烯树脂及功能母料，经挤出、冲孔及拉伸后得到的产品。产品具有优异的抗蠕变、耐老化、耐酸碱和耐微生物等性能。抗拉强度最高达 220kN/m，对土壤颗粒具有良好的互锁作用，适用范围广。

2.2 施工工艺流程和操作要点

2.2.1 施工工艺流程（图 2）

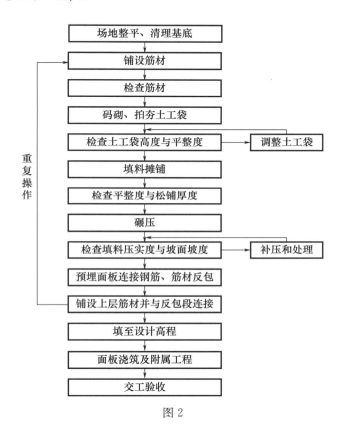

图 2

2.2.2 操作要点

（1）基层清理。土工格栅铺设前先对铺设面进行清理，平整地基，施工至需铺设土工格栅层的高度，去除局部凹坑及凸出部分。

（2）铺设土工格栅。将土工格栅沿施工面摊开，按要求裁剪土工格栅，按规定位置铺设，并预留出格栅反包所需的长度。各层筋材必须保持水平且互相平行铺设，相邻两幅格栅之间密贴摆放，不应留空隙，土工格栅必须按图纸要求的位置、长度及方向进行铺设。格栅铺设时卷长方向垂直于边线，平顺展铺，勿有皱褶，并在铺设的格栅上每隔1.5～2.0m用"U"形钉固定地面，应防止筋材被风掀起，防止填土时位移。筋材铺好后，尽快分层碾压夯实回填土。回填前检查有无损伤如孔洞、撕裂等情况，如有损伤应及时补救。

（3）填土碾压。填土施工时应用诸如斗式挖掘机或是带有铲斗的推土机等机械设备来进行，目的是为了保证填土通过倾倒的方式摊铺在土工格栅上。为了避免格栅在施工中受到损伤，机械履带与格栅之间应持有 15cm 厚的填土层。在临近结构面的 1.5m 范围内，建议用总质量不大于 1000kg 的压实机或碾压机压实填土。近坡面处用轻型压实机械，以保持坡面平整。控制填料含水率，压实机械不得采用羊角碾。压实度应满足相关规范的要求。

（4）反包及张拉。随着挡墙高度的增加，格栅反包的松紧程度会对施工质量有较大影响。用土工连接棒将上层加筋格栅与反包格栅连接在一起，通过格栅网孔钩住格栅的张拉梁对加筋格栅施加张拉力，绷紧格栅之间的连接并使在其之下的结构面上的反包格栅绷紧。在保持张拉格栅的同时，在格栅上填铺一层土，以保证张拉设备移去后格栅不会回缩。释放张拉力并移去张拉梁。

3 工程特点、难点及创新点

3.1 工程特点

石家庄中华大街祥云国际加筋土挡墙工程是在废弃的基坑进行回填的路基挡墙工程。最大坡高近 21m，属于高边坡加筋土挡土墙支护工程，是利用拉筋与土体之间的摩擦力，改善土体的变形条件从而提高土体的工程特性，以达到稳定土体的一种路基支挡结构。与传统的支挡结构相比，加筋土挡墙有着取材便捷、施工简单、工程造价较低、抗震性好以及造型美观的优越性。

3.2 工程难点

（1）在保证高边坡工程稳定性的前提下，还需要结合实际情况进行施工效率、填料获取、成本控制等一系列问题的综合考虑。这就要求设计人员必须充分考虑土壤力学、结构力学、加筋设计等多方面的要求，确保挡土墙满足边坡稳定性、排水、保持、防渗等综合要求。

（2）该加筋土挡墙的地基承载力需到达 200kPa，天然地基承载力有 180～200kPa，考虑挡墙结构自重较大，担心地基承载力过小，采用 CFG 桩进行地基处理，地基承载力达到 400kPa。

（3）施工质量要求高。作为高边坡的路基填筑工程，对于施工后的变形控制是非常严格的，这就要求填料的制备、筋材的生产与铺设、填料的摊铺与碾压等各工序必须精细作业，否则难以满足质量要求。

3.3 工程创新点

石家庄中华大街路基挡墙采用的加筋土挡土墙结构属于柔性结构，自身能够形成稳定体系，能够适应地基轻微变形，且抗震性好；加筋土挡土墙属于垂直挡土墙，与传统支挡结构相比，能有效地节约占地、降低工程造价。中华大街南延工程将该结构首次应用于市政工程，实现了新技术的科学应用。这项技术的应用不仅提高了工程的稳定性和安全性，同时也体现了对土地资源的合理利用和对环境的保护，工程现场见图3。

图3　加筋挡墙工程现场

该项目所用的旭域 EG® 高密度聚乙烯单向格栅常作为加筋土边坡或加筋土挡墙的筋材，已被广泛应用于公路、铁路、海岸、水利水电、港口航道、建筑市政和环境生态等工程。路堤、路肩、路堑、引道、匝道、桥台及临时结构中加筋土的应用，可以降低工程成本，提高结构稳定性。防洪堤、河岸整治、河道防护工程中加筋体的应用，可以保证结构安全，坡面可以防止冲刷。此外，还用于堆场、防爆堤、垃圾填埋场、机场建设、尾矿坝等工程。

链接

　　青岛旭域土工材料股份有限公司是一家集土工合成材料研发、生产、销售及工程解决方案提供于一体的跨国企业，在英国、意大利和美国设有代理处，是全球土工合成材料行业的领先企业。目前旭域产品涵盖整体拉伸的单向土工格栅、双向土工格栅（复合产品）、排水网（复合）、土工格室、毛细排水板（管、带）和轻质拉伸网等众多品类，广泛应用于土体加筋、地基路面加固、地基排水、固体废弃物及污水处理、河道整治及处理、隧道排水、盐碱地治理和坡面防护及绿化等基础设施建设领域。

　　公司注册商标 EGRID、EG 和 E'DRAIN，在全球土工合成材料市场上享有较高的知名度，其中 EGRID 品牌是旗舰品牌。拥有多项专利和专有技术，土工合成材料产品开发及应用研究中心获得山东省级企业技术中心认定，产品是全部通过 COP-RO、CE、UKCA 和 GAI-LAP 认证的土工材料制造商。同时，公司通过了质量管理体系（ISO 9001：2015），环境管理体系（ISO 14001：2015）和职业健康安全管理体系（ISO 45001：2018）。

　　公司始终致力于为全球的基础设施建设、水土保持及环保工程提供高等级、高性能的土工合成材料，推动全球相关产业的可持续发展，帮助客户建设更加美好的世界，并积极参与快速发展的基础设施建设和日益增长的环保工程建设，营销网络覆盖70多个国家和地区。公司产品在高速铁路加筋土挡墙-青荣城际铁路加筋土挡墙、总高度66m的锦屏电站加筋土陡坡和世界海拔最高的青藏铁路加筋土挡墙等工程中得到广泛应用，取得了显著的社会、经济和环保效益。

白云山隧道工程应用项目

李成慧　于　洋

（四川诚汇金环保科技有限公司）

　　"十隧九漏"，根据隧道施工经验来做好防排水，必须从隧道施工的每一道工序做起，锚杆注浆、初期支护、防水板铺设、二次防水衬砌、排水设施等每道工序的施工质量都对隧道防排水效果产生很大的影响。防水材料的质量对隧道使用寿命、正常运营和安全起着举足轻重的作用，现将四川省内江市白云山隧道防排水施工工艺介绍如下，并对一些土工产品进行重点分析探索。

　　四川诚汇金环保科技有限公司自成立之初就专注于土工行业，公司引进国内外先进生产、检验设备，秉承诚实守信、金牌品质的精神生产高品质的产品，为客户提供优质的产品与服务。隧道中常用土工材料有防水板、土工布、止水带、软式透水管等，隧道整体情况见图1。

图1　白云山隧道工程现场

1 工程概况

白云山隧道长 13340m，位于四川省内江市资中县、威远县境内，为单洞双线隧道。地处威远穹隆地貌核心部位，地质异常复杂；又多次穿煤层、水库，存在突水突泥、突涌矿渣、高瓦斯等风险，施工安全风险极高。在隧道开挖过程中，断裂带、节理裂隙发育会有滴水或渗水现象，局部有小股涌水，隧道外现场见图 2。

图 2   隧道外现场

2 工程施工要求

2.1 隧道防排水施工要点

为了能做好白云山隧道的防排水工程，通过熟悉设计图纸，充分理解防排水设计意图和设计目的，根据以排为主、堵、截、引相结合的设计思路，并结合以往排水施工的经验和教训，除按设计布置排水设施外，公司还在地下水多的地方增设排水设施，同时认真按设计做好三道防水屏障，使水顺利排到洞外。为克服以往施工中存在重主体轻防水的思想，定期对干部职工进行质量意识教育、提高全员质量意识，实行逐级岗位责任制，并认真落实"三检"制，严格过程控制，消除质量隐患。

2.2　隧道洞身开挖

隧道洞身开挖采用三台阶七步开挖工法，以弧形导坑开挖预留核心土为基本模式，分上、中、下三个台阶七个开挖面，根据开挖时围岩的实际涌水情况，详细作好记录，并作相应的引、排措施。当涌水较集中时，喷锚前先用开缝摩擦锚杆进行导水，当涌水面积较大时，喷锚前设置树枝状软式透水管排水。

软式透水管是一种具有倒滤透（排）水作用的管材，诚汇金软式透水管利用"毛细"现象和"虹吸"原理，集吸水、透水、排水于一体，产品孔隙直径小，透水，渗透性好；抗压耐拉强度高，使用寿命长；抗微生物侵蚀性好；整体连续性好，接头少，衔接方便；质地柔软，与土结合性好等优点，施工示意图见图3。

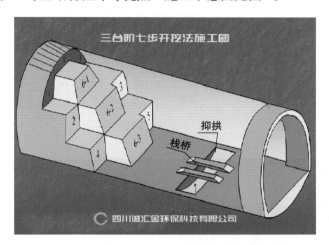

图3　三台阶七步开挖法施工示意图

2.3　砂浆锚杆注浆施工

隧道施工系统锚杆采用的中空注浆锚杆，成孔后用高压风清孔，人工送入，用速凝砂浆封口，注浆压力保证在 0.5～1.0MPa，扩散半径最大，对围岩加固的效果最佳，对裂隙较发育的不良地质 V 级围岩有很好的改善效果，抗拔力符合设计要求，锚杆的末端与拱架焊接。喷锚完成后，使开挖岩石面与喷射混凝土之间形成排水用的汇水孔，使围岩涌水、渗漏水通过设置的汇水孔等排水装置流向墙脚纵向软式透水管，再由引水管排到隧道中心排水沟内，施工示意图见图4。

2.4　初喷混凝土

施工隧道初期支护混凝土，使用湿喷机喷射混凝土密实平整，质量稳定，使用湿喷机施工隧道初期支护混凝土，大大改善了隧道喷射混凝土的施工环境，隧道采用二次喷射工艺，通过对初喷不平整部位进行二次复喷，保证了喷射混凝土表面平整度，消除了由于喷射混凝土表面不平整造成二衬背后脱空的质量隐患，施工现场见图 5。

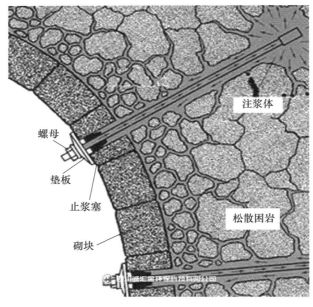

图 4 注浆施工示意图

图 5 初喷混凝土施工现场

2.5 钢拱架制作安装

拱架加工应按照隧道钢拱架总长一次下料到位，并整体冷弯成型。钢拱架安装应确保两侧拱脚放在牢固的基础上。安装前应将底脚处的虚渣及其他杂物彻底清除干净。脚底超挖、拱脚标高不足时，应用喷射混凝土填充，施工现场见图6。

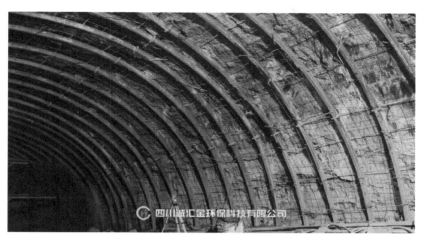

图 6　钢铁架安装现场

2.6　钢筋网安装

按设计要求准确加工各种规格的钢筋，准确控制拱脚边墙预埋钢筋位置。设置安装台车和定位架进行钢筋定位，充分利用标准的层间连接构造钢筋准确控制二衬两层钢筋的间距，保证钢筋环向位置的准确性。采用高强混凝土垫块作为二衬钢筋保护层加强措施，确保钢筋保护层厚度严格受控，施工现场见图7。

图 7　钢筋网安装施工现场

2.7 基面处理

在铺设防水层之前对外露的凸出物及基面凹凸不平处进行检查处理。对于基面外露的锚杆头、钢管头、钢筋头、螺杆钉头等凸出物应予切除后妥善处理,对初期支护表面凹凸处进行修凿、喷补,使混凝土表面平顺。示意见图8。

图 8

2.8 排水管安装

环向排水管、纵向排水管、横向排水管经三通连接,形成完整的排水系统,最终流入中心水沟。其中纵向集水管在整个隧道排水系统中是一个中间环节,起着承上启下的作用,是关键环节。环向排水盲管在隧道拱墙土工布背后铺设,并用土工布包裹,盲管穿过防水板时,将该处防水板与盲管黏结密封,防止漏水。两端管头圆顺弯出,露出衬砌表面,后续施工时接入侧沟。固定方法:用5cm的锚固钉及ECB板窄条将软式透水管固定在喷射混凝土面上,环向每隔50cm固定一处。纵向排水盲管布设于隧道两侧边墙脚侧沟底上方,位置在防水板外侧,设计为 $\phi100mm$ 的双壁打孔波纹管,并用土工布包裹,施工现场见图9。

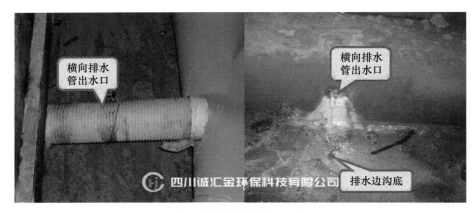

图 9 排水管安装施工现场

2.9 安装土工布、防水板

首先在喷射混凝土的隧道顶部正确标出隧道纵向中心线,再使裁剪好的无纺布中心线与喷射混凝土上的中心线标志重合，从拱顶开始向两侧下垂铺设。用射钉将热塑性垫圈和缓冲层平顺地固定在基面上，固定点间距为拱部 1.0～1.5m、边墙 1.5～2.0m。呈梅花形排列，基面凸凹较大处应增加固定点，使土工布与基面密贴。土工布接缝搭接宽度不小于 5cm，铺设的缓冲层应平顺，无隆起，无皱褶。

隧道工程中采用的诚汇金土工布主要技术指标如下：单位面积质量 400～500g/m²，2kPa 荷载作用下厚度 3.2mm 以上，纵向抗拉强度应不小于 500N/5cm、纵向提醒撕裂强度应不小于 500N，垂直渗透系数应大于 $1×10^{-8}$cm/s，有效孔径为 0.15mm 以下。土工布主要用于保护防水板不受外力损坏，加之它可以从围岩内部将渗漏水排入隧道排水系统，故要求有一定的强度及厚度。土工布除了具有一定的排水作用外，还应具有足够的抗撕裂能力、顶破能力以及足够的耐腐蚀性。隧道中的土工布分为针刺无纺土工布，热粘无纺土工布，化学粘无纺土工布。因针刺无纺土工布的透水性和导水性好，质地柔软，具有可压缩性，因此在隧道工程中一般均采用针刺无纺土工布，施工现场见图 10。

图 10　土工布施工现场

防水板采用无钉铺设工艺，先在隧道拱顶部的无纺布上正确标出隧道纵向中心线，再使防水板的中心与这一标志重合，与土工布一样从拱顶开始向两侧下垂铺设，边铺边与垫片热熔焊接。

隧道工程采用诚汇金 EVA 光面防水板，幅宽为 4m，厚度 1.5mm，满足防水设计规范相关要求，公司防水板使用寿命长、防潮、防霉变、无毒无味无污染、可循环利用、安装简便快捷。防水板连接用热合机进行焊接，搭接长度 15cm，接缝为双焊缝，中间留出空腔以便检查。防水层做好后及时灌注混凝土进行保护，施工现场见图 11。

图 11　防水板施工现场

2.10　止水带施工作业

止水带施工是隧道结构防排水的重要环节，本工程止水带主要有外贴式及中埋式。隧道设计采用复合式衬砌结构，二次衬砌混凝土在施工缝、沉降缝、抗震缝设置止水带。

诚汇金止水带均采用原材料生产制造，表面光滑、物理性能好、拉伸强度大，具有高弹性、防漏水渗水的特点，还有减震缓冲的作用，隧道采用 400mm×10mm 中埋式橡胶止水带、350mm×8mm 中埋式钢边橡胶止水带、350mm×8mm 外贴式止水带。

隧道二次衬砌施工缝采取全断面环向布设止水带，环向施工缝防水每 12m 设置一道中埋式橡胶止水带，两侧边墙纵向施工缝也设置中埋式橡胶止水带。沉降缝防水采用中埋式橡胶止水带与外贴式止水带的方式。设置的位置包括：衬砌结构变化处，不设明洞的洞口段衬砌在距洞口 5～12m 处，连续 V 级围岩段间隔 48m 设一道。抗震缝防水采用中埋式钢边橡胶止水带＋外贴式止水带的方式。设置的位置包括：洞口的明洞暗洞交界面，看盖层与基岩交界面，软硬岩交界面，浅埋和深埋交界面，浅埋段地表地形突变处洞身 V 级围岩较差段间隔 12m 设一道，施工现场见图 12。

2.11　二衬混凝土

控制原材料质量，实时调整混凝土坍落度，改进振捣工艺，加强模板台车的维修和保养，使二衬混凝土拆模后表面平整、密实、光洁，色泽一致，达到内实外美效果，施工现场见图 13。

图 12　止水带施工现场　　　　图 13　二衬混凝土施工现场

3　项目总结

　　防水隔离层可防止渗水、漏水，改善二次衬砌的受力条件，减少在二次衬砌中出现裂纹。地下水水量及流向等在隧道施工期间和运营期间可能有所变化，在施工期间无水或少水的地段并不能保证在运营期间无水或少水，防水板本身具有良好的防水性能，切不可因暂时无水而轻视防水层的建设，或忽视施工质量。做好隧道的防排水工作，要选用高标准的土工材料，且每道工序都要达到标准，这些都是确保隧道工程质量、从根本上消除隧道病害和增加隧道寿命的重要环节。

链接

　　四川诚汇金环保科技有限公司成立于 2020 年，是一家专业从事土工合成材料科研生产、贸易运作、技术服务于一体的土工材料系统服务商。公司专注于土工防水行业，主要产品有聚酯切片、长丝纺粘针刺非织造土工布、隧道光面防水板、高分子自粘防水板、短纤针刺非织造土工布（含聚酯、聚丙烯）、吹膜、淋膜、蜂窝排水板、各类格栅、格室。产品广泛用于公路、铁路、桥梁隧道、库渠水利、人工湖、环保、航空、矿业、农业等领域。通过了 ISO 9001、ISO 45001、ISO 14001 体系认证，通过了防水板 CRCC/CPCC 认证，土工布 CRCC/CPCC 认证。拥有专业的土工材料实验室，齐全的检测设备，可与不同客户按照同样标准、同样设备和同样方法对同种产品进行等效检测。

宏祥新材料股份有限公司

宏祥新材料股份有限公司，位于中国土工合成材料生产基地——山东省德州市陵城区，占地面积40万m²，注册资金15300万元，30年专注土工合成材料的研发、生产、销售、施工和技术服务工作，致力于为客户提供一站式采购和整体解决方案。主导产品涵盖土工织物、土工膜、特种土工材料和土工复合材料四大类新型高分子土工建筑材料，广泛应用于水库、河道等水利水电工程，高速公路、铁路等交通工程，垃圾填埋场、尾矿库等环保工程。例如：南水北调工程、济南市白云水库；沪杭高铁、渝昆高铁；北京门头沟垃圾填埋场、内蒙大路新区固废垃圾填埋场等。

宏祥坚持产、学、研、用结合的经营战略，注重技术创新，是省级高新技术企业、山东省专精特新中小企业、山东省制造业单项冠军企业。建有省级企业技术中心、山东省土工合成材料工程实验室，获得国家专利68项，核心技术包括高强聚丙烯针刺土工布、隧道用自锁式防排水垫层、铁路基床防排水、水利防渗排水防护新材料新技术、生物过滤床生活污水处理技术等。参与制定11项国家标准、15项行业标准，是中国土工合成材料工程协会常务理事单位，国内土工合成材料行业的领军企业。

宏德致远，祥瑞天下，宏祥愿与海内外朋友合作共赢，共谋发展！

地址：山东省德州市陵城区迎宾北大街北首

网址：www.hxgufen.com

联系人：崔占明13905345263 刘好武 13869226407

浩珂科技
HOCK TECHNOLOGY

《 公司简介
COMPANY PROFILE

　　浩珂科技有限公司主要从事高性能工业与工程用纺织品研发、生产、销售及应用服务。公司以矿用高强聚酯纤维柔性网和高强重型土工格栅、高性能机织土工布、高强土工管袋为主营产品，产品广泛应用于煤矿防护、重大复杂地质结构、环境治理、交通安全等领域。公司荣获国家科技进步二等奖、国家教育部科技进步一等奖等荣誉，被认定为国家高新技术企业、国家制造业单项冠军企业、国家专精特新"小巨人"企业等。

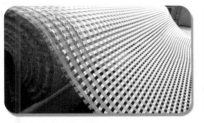

《 产品适用范围
APPLICATION SCOPE OF PRODUCT

- **矿用高强聚酯纤维柔性网**：应用于煤矿井下工作面的假顶支护、巷道护帮支护及永久巷道支护加固。
- **高强重型土工格栅**：应用于公路、铁路、水利、海洋和市政道路等工程。
- **高强土工布**：应用于公路、铁路和桩网承载路基的增强等工程。
- **高强土工管袋**：应用于护岸、防波堤、防浪堤、河涌整治、管状包容结构等工程。

地址：山东省济宁市高新区黄金大道6号
电话：0537-3238986　3238981

Http：//www.sdhock.com
E-mail：hock@sdhock.com

肥城联谊工程塑料有限公司
Feicheng Lianyi Engineering Plastics Co., Ltd
天下联谊·谊结九洲

　　肥城联谊工程塑料有限公司是国内土工格栅制造行业的龙头企业、国家高新技术企业、国家制造业单项冠军企业、国家重点小巨人企业、国家知识产权示范企业、山东省中小企业隐形冠军、山东省瞪羚企业、山东省"专精特新"中小企业，拥有山东省企业技术中心、山东省工业设计中心、山东省"一企一技术"研发中心，产品产能规模、市场占有率及品牌影响力均位居国内同行业首位。先后荣获山东民营企业创新100强，山东省高端品牌及山东省优质品牌、山东知名品牌等荣誉称号。

　　我们的主要产品包括单、双向塑料土工格栅、玻璃纤维土工格栅、自粘玻璃纤维土工格栅、涤纶土工格栅，焊接土工格栅，玻璃纤维土工格栅和涤纶土工格栅与热轧无纺土工布复合或针刺无纺土工布粘合，玻璃纤维土工格栅与涤纶土工格栅针织纺粘无纺土工布或针刺无纺布浸渍沥青，双向塑料土工格栅复合土工布，土工布，土工格室，土工膜、玻纤土工格栅缝合聚酯纺粘热轧无纺布、涤纶土工格栅缝合聚酯纺粘热轧无纺布、玻纤土工格栅复合针刺无纺土工布、涤纶土工格栅复合针刺无纺土工布，矿用土工格栅等。产品种类齐全，为客户提供一站式采购服务。产品广泛应用于公路、铁路、水利等工程建设领域，是中铁、中交、中建等企业的优秀供应商。企业通过了质量、环境、职业健康等体系认证，产品经过欧盟 CE 认证、铁路 CRCC 认证和煤矿安全认证，产品市场竞争力强、市场占有率更高，品牌影响力大。

地址/Add: 山东省泰安市肥城市高新技术开发区孙牛路与肥料路交汇处

联系人、电话/Tell:周经理　　86-13854820689

邮箱/Email:chgeogrid@163.com; lianyiallen@126.com

网址/Web:www.lianyigeosynthetics.com

泰安现代塑料有限公司
TAIAN MODERN PLASTIC CO., LTD.

公司成立于 1998 年，是集土工合成材料研发、生产、销售及应用研究为一体的科技创新型企业。致力于公路、铁路、水利、环境治理等工程领域所需土工合成材料的研发生产，目前拥有四家全资子公司。

The company was established in 1998 and is an innovative, technology-oriented group enterprise that integrates the research and development, production, sales, and application research of geosynthetic materials. The company is committed to the research and development of geosynthetics required in engineering fields such as highways, railways, water conservancy, and environmental management. Currently has four wholly-owned subsidiaries.

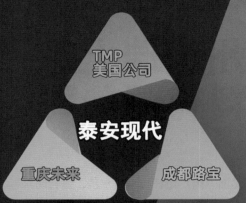

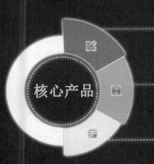

核心产品

整体拉伸型土工格栅
涤纶、丙纶长丝无纺土工布

PP/PET拉伸带注塑土工格栅
钢塑土工格栅　纤塑土工格栅

复合格栅
复合排水网　复合土工膜

地址：山东省泰安市岱岳经济开发区金牛山路32号
电话/传真：（0538）8569959 8560967
邮箱：INFO@TAMODERN.COM
网站：WWW.TAMODERN.COM.CN

德州宏瑞土工材料有限公司

公司主营产品

公司产品涤（丙）短纤维、防水毯、复合防水毯、长短丝土工布、合成革基布、土工膜、复合土工膜、防渗膜、盲沟、防水板、经编格栅、塑料格栅、钢塑格栅、土工格栅、三维固土网垫、土工格室、土工网、建筑防水卷材、复合排水板、波纹管、软式透水管、土工袋、防汛袋、编织布生产及销售；货物及技术的进出口业务等土工合成材料，实现了防渗、环保、防护、加固、止水四大材料体系、一体化供应

为什么选择我们

33000+㎡
公司现有面积3万平方米

16000+万
公司的年产值达到1.6亿多元

150+国家
公司产品远销150多个国家

50+条
公司拥有先进生产线50多条

中国土工材料供应、安装和制造领域的行业领导者

卓越的产品质量、服务和价格放在我们工作的最前沿

 15969770999

山东省德州市陵城区开发区兴国街北首

添加微信
了解更多
宏瑞消息

安徽盛典网布织造有限公司
简介

　　安徽盛典网布织造有限公司前身是安徽富利达织造有限公司，始建于20世纪80年代，是安徽省筛网骨干企业，总投资1.2亿元，主要产品有HDPE防沙、阻沙、防雪网、造纸网，各种滤材滤布300多个品种，年生产能力为1000万米，广泛用于国防科研、化工、食品、酿造、印染、环境保护等工矿企业。本公司生产的HDPE防沙网经特殊工艺进行科学处理，具有抗老化、抗紫外线、抗腐蚀等功能，特别是三带式PE网已获国家专利，产品经久耐用，受到客户好评。

　　20世纪90年代就被中科院兰州沙漠研究所进行实验，推荐应用，1999年被新疆哈密铁路分局按防沙新材料布设50公里的防沙阻沙墙，2002年通过专家组鉴定，获乌鲁木齐铁路局科技进步一等奖，新疆自治区科技进步三等奖。2009年经铁道部西北院推荐给青藏公司格拉段措那湖、沱沱河、五道梁使用高立式PE网进行防沙治沙工程，并获得铁道部、林业部认可，该产品对环境无污染，寿命达十年以上。

　　2023年被聘为中国治沙暨沙业学会防沙新材料专业委员会会员单位。

联系人：郭永连
电话：13956695805
地址：安徽省太和县五星镇上海路东侧101号

山东诚汇金实业有限公司

公司简介
COMPANY PROFILE

山东诚汇金实业有限公司是一家专涵盖生产加工、贸易运作为一体的综合型企业。公司下设四川诚汇金和东营诚汇金两个子公司，专注于聚酯产品、土工合成材料的研发与生产，主要产品包含非织造布专用聚酯切片、涤纶短纤、长丝土工布、短纤土工布、HDPE土工膜、EVA防水板、复合土工膜、土工格栅等。公司通过了ISO9001、ISO45001、ISO14001体系认证，公司以稳定的产品质量和优质的售后服务，在市场中脱颖而出，广受客户好评。

涤纶短纤

土工布

土工格栅

土工膜

LINE
028 **89289199**

地址：四川省成都市金堂县淮口镇江西路8号
网址：https://www.chjhb.cn

山东晶创新材料科技有限公司

公司成立于 2018 年 11 月，占地面积 13 万平方米；注册地址：德州市天衢东路 6399 号；注册资本：2.6 亿元；主营业务：专注高端新型土工合成材料的研发、生产、施工及销售服务等。

企业拥有居全球领先水平的聚丙烯长丝土工布生产线、国内先进的短纤针刺土工布生产线、新型高端 TPO 防水卷材生产线、高密度聚乙烯土工膜生产线、复合土工膜、复合土工布生产线等。

产品耐酸、耐碱、耐腐蚀，解决了常规产品使用寿命短、降解后对工程安全及周边环境污染的不利影响，**全球首创 6.5 米宽幅产品**，施工更加便捷，效率明显提升，工程综合成本明显降低。

全球首条 6.5m 宽幅聚丙烯长丝土工布生产线

聚丙烯长丝土工布

TPO 高分子新材料生产线

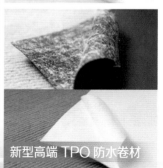

新型高端 TPO 防水卷材

聚丙烯长丝无纺土工布内增强 TPO 防水材料，产品厚度 0.7mm；幅宽 3m

地址：山东省德州市天衢东路 6399 号
联系电话：400 0678 766/138 6922 3766
微信公众号：晶创新材料

浙江锦达膜材科技有限公司

锦达集团创建于1981年，40多年来，一直致力于技术纺织材料的生产和创新。是一家集研发、生产、销售于一体的国家火炬计划重点高新技术企业。

2005年，浙江锦达膜材科技有限公司正式成立，是中国产业用涂层织物行业的龙头企业。占地面积20多万方，拥有多个大型的生产车间，拥有200台进口配套织机（德国Donier，比利时Picanol，瑞士Sulzer），拥有四条进口涂层生产线（意大利Matex）。基布年产能8000万方，为刀刮涂层产品提供了重要的品质保障。

刀刮布年产能6000万方，采用刀刮涂层的经典工艺，为生产优质、高附加值的产品提供了保障。

锦达产品应用于膜结构材料、篷房材料、软体车厢、充气材料、卡车材料、矿产能源、环保和海洋等领域。各系列产品具有防霉抗菌、阻燃、环保、强度高、耐老化等特点。产品指标达到国际先进标准。

"锦达"商标被认定为浙江省知名商号；先后获得了国家"守合同重信用"企业、专精特新"小巨人"企业、国家高新技术企业、浙江省创新型示范企业、浙江省出口名牌企业诸多荣誉。

锦达总部

锦达涂层车间

锦达织造车间

案例：国家能源集团山西王曲电厂煤场封闭
跨度：198*180国内第一个最大单净气膜，
建于2019年

公司介绍 / COMPANY PROFILE

天鼎丰成立于2011年，公司总部位于安徽滁州，是一家致力于各类高技术非织造材料研发和生产的大型企业。经过多年快速发展，天鼎丰现已成长为中国非织造布行业10强企业，全球领先的聚酯胎基布供应商。主营业务涉及防水卷材聚酯胎基布、玻纤增强型胎基布、高强粗旦聚丙烯土工布和高性能非织造土工合成材料等多个领域。公司坚持为客户提供个性化产品和专业解决方案，是众多大型防水企业以及国家级大型机场、水利工程、铁路、高速公路等工程的材料供应商。

TianDingFeng(TDF), founded in 2011, located in Chuzhou City, is a large business group dedicated to the development and production of all kinds of high-tech nonwovens. After years of rapid development, TDF has grown into TOP 10 enterprises of Chinese nonwovens industry, and the world's leading WBM(waterproofing bitumen membranes) carriers supplier. Our main business involves WBM carriers, high tenacity coarse denier polypropylene spunbond needle-punched nonwoven geotextiles, glass filament reinforced Polyester spunbond mat, and many other industrial nonwovens. The company insists on providing personalized products and professional solutions for customers, and has become an important material supplier for many large Waterproofing enterprises and important infrastructures, such as airports, water conservancy projects, railways and highways.

联系我们 / CONTACT

电话(Phone)：400 160 3088

邮编(Postcode)：239000

网站(Website)：www.tdf.com.cn

地址(Address)：安徽省滁州市天鼎丰路1号
NO.1 TIANDINGFENG ROAD,CHUZHOU CITY, ANHUI PROVINCE